本书系上海市哲学社会科学规划"学习贯彻习近平总书记'人民城市人民建 人民城市为人民'重要理念"专项课题成果

"人民城市"重要理念研究丛书

上海市习近平新时代中国特色社会主义思想研究中心 编

人民城市理念与城市环境治理研究

RENMIN CHENGSHI LINIAN YU
CHENGSHI HUANJING ZHILI YANJIU

杜欢政 等◎著

人民出版社

总　　序

2019 年 11 月，习近平总书记考察上海期间在杨浦滨江首次提出"人民城市人民建，人民城市为人民"的重要理念，深刻揭示城市属于人民、城市发展为了人民、城市建设和治理依靠人民的人民性，深刻阐明中国特色社会主义城市工作的价值取向、治理主体、目标导向、战略格局和方法路径，为推动新时代中国城市的建设发展治理、提高社会主义现代化国际大都市的治理能力指明方向。2020 年 11 月，习近平总书记在浦东开发开放 30 周年庆祝大会上的重要讲话中，从中华民族伟大复兴战略全局、世界百年未有之大变局的战略高度思考和谋划新征程上浦东新的历史方位和使命，进一步明确提出，要"提高城市治理现代化水平，开创人民城市建设新局面"，为探索新时代中国特色社会主义现代化超大规模人民城市建设发展之路提供了科学指引。

首先，人民城市属于人民。这是人民城市的政治属性。我国是社会主义国家，我国的城市归根结底是人民的城市。社会主义现代化国际大都市的建设和发展必须始终坚持以人民为中心的发展思想，把人民对美好生活的向往确立为城市建设与治理的方向和做好城市工作的出发点、落脚点和根本立场。

其次，城市发展为了人民。这是人民城市发展的根本宗旨。根据人民城市重要理念，无论是城市规划还是城市建设，无论是新城区建设还是老城区改造，都要坚持以人民为中心，聚焦人民群众的需求，合理安排生产、生活、生态空间，走内涵式、集约型、绿色化的高质量发展路子，努力创造宜业、宜居、宜乐、宜游的良好环境，让人民有更多获得感，为人民创造更加幸福的美好生活。城市治理是国家治理体系和治理能力现代化的重要内容。一流城市要有一流治理，要注重在科学化、精细化、智能化上下功夫。上海要继续探索，走出一条中国特色超大城市管理新路子，不断提高城市管理水平。

再次，城市建设和治理依靠人民。人民是城市的主人，也是城市建设和治理的主体。人民是城市的享有者、受益者，理应是城市建设者、治理参与者。上海作为我国人口规模最大的城市之一，其治理的复杂程度远超一般性城市和地区。只有坚持人民的主体地位，进一步发挥群众的首创精神，紧紧依靠和组织广大人民群众，才能协力创建新时代中国特色社会主义现代化超大规模人民城市的历史伟业，彰显我国社会主义制度的强大优势。

近年来，上海在深入贯彻人民城市重要理念过程中，聚焦探索超大城市治理的规律，把全生命周期管理理念贯穿城市治理全过程，着力在科学化、精细化、智能化上下功夫，努力走出超大城市治理现代化的新路。对人民城市重要理念及其上海实践开展深入研究，是推进习近平新时代中国特色社会主义思想上海实践研究的一项重要任务。2021 年 8 月，上海市社科规划办专门列出系列课题，上海市习近平新时代中国特色社会主义思想研究中心从完成结项的课题中精选优秀成果，内容涉及新时代人民城市重要理念、人民城市理论渊源与上海实践、党领导人民城市建设的实践历程与基本经验、新发展理念引领人民城市建设、人民城市理念与新时代生态文明建设、人民城市理念与城市环境治理、人民城市理念与数字化公共服务共享研究等。这些书稿聚焦不同主题，从不同维度深刻阐述了人民城市重要理念的思想内涵和实践要求，是当前上海学术界研究阐释人民城市重要理念的代表性成果。我们希望这套丛书的出版有助于广大读者更为全面、深入地理解和把握人民城市重要理念，更加自觉地用人民城市重要理念指导工作，为把上海建设成具有世界影响力的社会主义现代化国际大都市作出新的贡献。

上海市习近平新时代
中国特色社会主义思想研究中心
2022 年 9 月

目　　录

前　　言

　　党的十八大以来，以习近平同志为核心的党中央高度重视社会主义生态文明建设，推进生态环保机构和管理体制改革，提出建设"美丽中国"宏伟目标，明确了新时代中国环境治理的决心和政策方向。习近平总书记多次对中国特色社会主义的根本特征、伟大成就和优越性作出系统论析，总结并阐明"中国特色社会主义为什么好"的道理，强调要深刻领会中国特色社会主义是党和人民长期实践取得的根本成就，是党和人民团结、奋进、胜利的旗帜。

　　方向决定道路。习近平总书记在党的二十大报告中指出："从现在起，中国共产党的中心任务就是团结带领全国各族人民全面建成社会主义现代化强国、实现第二个百年奋斗目标，以中国式现代化全面推进中华民族伟大复兴。"现代化是近代以来中华民族最伟大的梦想，百年辉煌成就充分证明，只有坚持和发展中国特色社会主义才能实现中华民族伟大复兴。道路决定命运。中国特色社会主义道路是实现全面建设社会主义现代化强国的必由之路，是创造人民美好生活的必由之路。当前，中国特色社会主义发展进入新时代，以习近平同志为核心的党中央顺应人民对美好生活的向往，坚持把增进民生福祉，实现人民幸福作为中国特色社会主义现代化建设一切工作的出发点和立足点，不断增强人民群众的获得感、幸福感、安全感。道路引领未来。站在新的历史起点上，坚持以人民为中心的发展思想推动中国式现代化，是新时代坚持和发展中国特色社会主义、全面建设社会主义现代化国家、实现中华民族伟大复兴中国梦的必然选择。

城市是我国各类要素资源和经济社会活动最集中的地方，也是人类居住生活的重要场所，全面建设社会主义国家，以中国式现代化推进中华民族伟大复兴，必须抓好城市这个"火车头"。城市建设关乎百姓生活的方方面面。党的十八大以来，习近平总书记高度重视城市建设，作出一系列重要论述。2019年11月，习近平总书记考察上海期间，在杨浦滨江首次提出"人民城市人民建，人民城市为人民"的重要论断，深刻揭示城市属于人民、城市发展为了人民、城市建设和治理依靠人民，深刻阐明中国特色社会主义城市工作的价值取向、治理主体、目标导向、战略格局和方法路径，为推动新时代中国城市的建设发展治理、提高社会主义现代化国际大都市的治理能力指明了方向。2020年11月，习近平总书记在浦东开发开放30周年庆祝大会上作出重要讲话，进一步明确提出要"提高城市治理现代化水平、开创人民城市建设新局面"，要求浦东和上海服从服务"中华民族伟大复兴战略全局、世界百年未有之大变局"两个大局，把握以国内大循环为主体、国内国际双循环相互促进的新发展格局，明确新的历史方位和使命，努力开创人民城市建设发展治理的新局面、新境界，为进一步阐明"中国特色社会主义为什么好"、探索新时代中国特色社会主义现代化超大规模人民城市建设发展之路提供理论基础和实践支撑。党的二十大报告提出，始终坚持人民城市人民建，人民城市为人民，提高城市规划、建设、治理水平，加快转变超大特大城市发展方式，实施城市更新行动，加强城市基础设施建设，打造宜居、韧性、智慧城市。这一重要要求，顺应了城市发展新趋势、改革发展新要求、人民群众新期待，为新征程上做好城市工作，推进人民城市建设指明了方向。人民城市的理念如同一条金线，牵引着上海城市治理的各个方面。城市环境治理与人民的生产、生活息息相关，同样需要以"人民城市"重要理念为指导，实现环境治理现代化。本书将研究视角下沉，发挥人民力量解决人民群众关心的环境治理问题，总结上海环境治理的重要行动经验，搭建充分反映民意、人民有序参与、回应人民反馈的环境治理制度，并以垃圾分类为环境治理的缩影范本，激活城市环境治理的神经末梢，夯实人民参与环境治理、人民共享环境治理成果的基础，为城市环境治理提供坚实支撑和稳固底盘，进而更好增强人民群众在环境治理中的获得感、安全感和幸福感，这是"人民城市"理念落脚于城市环境治理的核心要义。

"人民城市"理念指导下的城市环境治理研究，一方面是上海哲学社会科学规划"学习贯彻习近平总书记'人民城市人民建，人民城市为人民'重要理念"基金项目的理论总结。城市环境治理作为城市治理的"药引子"，是城市工作中践行"人民城市"重要理念的有效抓手和重要引擎。"人民城市"重要理念是习近平总书记结合长期城市工作实践和对中国特色社会主义城市治理的系统思考和理论概括，而始终把人民立场作为城市建设的根本立场则是贯穿这一重要理念历史逻辑的一条根本主线。另一方面是作者在助推上海建立生活垃圾强制分类制度，为全国做表率的实践升华。作者率领跨越马克思主义理论、管理科学、法学、环境科学等多学科团队积极参与制定上海垃圾分类方案，并在参与上海市垃圾管理立法和监督后评估，组织动员在校学生进行了广泛的社会调查，为更高水平的垃圾管理制度建设提出若干被采纳的意见和建议的基础上，推动上海垃圾全民分类纵深发展的实践集结而成。"人民城市"理念指导下的城市环境治理研究是以上海垃圾分类得到全国和市民支持的伟大实践为蓝本，是"人民城市人民建，人民城市为人民"理论和实践的系统总结。

本书第一章探究了"人民城市"理念指导下城市环境治理的相关理论，探寻"人民城市"理念和环境治理的互动响应。第二章分析了上海人民城市环境治理政策的历史沿革，探究政策推进过程中"人民城市"理念的落地。第三章总结了近些年在"人民城市"理念的指导下，上海环境治理中体现人民需求的行动。第四章探寻了上海环境治理过程中如何激发人民主人翁意识，使其主动参与其中的举措。第五章阐述了上海环境治理过程中如何接受人民的监督，及时反映人民的诉求。第六章以垃圾分类为切入点，对法规实施的前中后阶段进行分析，将其作为"人民城市"理念指导下城市环境治理的掠影范本。第七章总结探讨了未来的工作建议。附录展示了文献及实地调研所得的数据资料。

第 一 章

"人民城市" 理念与城市环境治理的相关理论

一、"人民城市" 的理论阐释

（一）"人民城市" 理念的发展脉络

2015 年的 12 月 20 日，习近平总书记在中央城市工作会议上强调，"城市工作是一个系统工程。做好城市工作，要顺应城市工作新形势、改革发展新要求、人民群众新期待，坚持以人民为中心的发展思想，坚持人民城市为人民"①。这是在党和国家的工作部署中，"人民城市"这一概念首次出现。2016 年 5 月 27 日，中共中央政治局部署推动京津冀协同发展会议中再次明确指出，"要坚持以人民为中心的发展思想，坚持人民城市为人民，从广大市民需要出发"②。2019年 8 月，习近平总书记在兰州市考察时进一步旗帜鲜明地强调，"城市是人民的，城市建设要贯彻以人民为中心的发展思想，让人民群众

---

① 《习近平关于全面建成小康社会论述摘编》，中央文献出版社 2016 年版，第 55 页。

② 《研究部署规划建设北京城市副中心和进一步推动京津冀协同发展有关工作》，《人民日报》2016 年 5 月 28 日。

生活更幸福"①。2019 年 11 月，习近平总书记在上海考察时，指出"无论是城市规划还是城市建设，无论是新城区建设还是老城区改造，都要坚持以人民为中心，聚焦人民群众的需求"②，并做出了人民城市重要理念基本内涵的凝练表达，即"人民城市人民建，人民城市为人民"。在此基础上，2020 年 11 月，在浦东开发开放 30 周年庆祝大会上的讲话中，习近平总书记再次指出，"提高城市治理现代化水平，开创人民城市建设新局面"③。

　　人民城市这一重要理念，深刻地回答了城市建设发展的根本问题：即城市建设发展依靠谁、为了谁，建设什么样的城市、怎样建设城市，为深入推进人民城市建设提供了根本遵循。2021 年 6 月 23 日，上海市审议通过《中共上海市委关于深入贯彻落实"人民城市人民建，人民城市为人民"重要理念，谱写新时代人民城市新篇章的意见》，对加快建设具有世界影响力的社会主义现代化国际大都市作全面部署。在习近平总书记首次提出"人民城市人民建，人民城市为人民"重要理念两周年之际，2021 年 11 月 24 日，国家发展改革委和上海市委市政府召开人民城市建设座谈会，加快建设属于人民、服务人民、成就人民的美好城市，打造人民城市建设的上海样本④。从上海直至全国各地，人民城市理念得到了实践运用。2022 年 10 月 16

　　① 《坚定信心开拓创新真抓实干　团结一心开创富民兴陇新局面》，《人民日报》2019 年 8 月 23 日。

　　② 《深入学习贯彻党的十九届四中全会精神　提高社会主义现代化国际大都市治理能力和水平》，《人民日报》2019 年 11 月 4 日。

　　③ 习近平：《在浦东开发开放 30 周年庆祝大会上的讲话》，《人民日报》2020 年 11 月 13 日。

　　④ 李强：《打造人民城市建设的上海样本》，《第一财经日报》2021 年 11 月 24 日。

日，党的二十大报告指出，坚持人民城市人民建、人民城市为人民，打造宜居、韧性、智慧城市①，集中反映了习近平总书记关于城市工作重要论述的核心要义。贯彻二十大精神，推进人民城市建设必须践行"人民城市"重要理念，把"紧紧依靠人民、不断造福人民"落实到城市发展全过程和城市工作各方面，切实保障人民对美好生活的向往。

（二）"人民城市"理念的理论渊源

1. 马克思主义城市思想的价值属性

马克思和恩格斯对资本主义生产关系的批判和列宁关于城市与人的关系的论述，是人民城市理念最直接、最重要的经典理论来源之一。

工业革命后，城市现代化加速发展的重要原因，既有农民向城市转移和向产业工人的转变，也包括资本主义大规模机器生产代替手工劳动。但在资本主义经济基础和政治制度的限制下，由高度发达的现代工业文明以及科学技术创造出的巨大财富，既不能为广大的工人阶级提供物质和精神方面的解放，还为其物质和精神生活带来了扭曲和异化。针对这样的现象，马克思与恩格斯深刻地揭示出资本主义城市和工人阶级之间不可调和的矛盾、斗争和敌对关系，他们认为"在资本主义制度内部，一切提高社会劳动生产力的方法都是靠牺牲工人

---

① 习近平：《高举中国特色社会主义伟大旗帜 为全面建设社会主义现代化国家而团结奋斗——在中国共产党第二十次全国代表大会上的报告》，《人民日报》2022 年 10 月 26 日。

个人来实现的；一切发展生产的手段都转变为统治和剥削生产者的手段，都使工人畸形发展，成为局部的人，把工人贬低为机器的附属品，使工人受劳动的折磨，从而使劳动失去内容，并且随着科学作为独立的力量被并入劳动过程而使劳动过程的智力与工人相异化"①。马克思和恩格斯指出了在资本主义条件下，城市发展特别是大城市发展中的矛盾，也指出了资本主义的社会病患，并批判了把出现各类问题的原因归结于大城市本身的观点，而是认为要消灭上述弊端，只有消灭资本主义制度才有可能。

"人民城市"的概念最早是在苏联出现的，这是人类社会有史以来的第一个社会主义国家。如列宁所说："城市是人民的经济、政治和精神生活的中心，是进步的主要动力"②，可以视为社会主义国家历史实践中人民城市的最初形态。以人民为中心是马克思主义城市思想的本质所在。然而城市的资本属性造成了城市本身的异化，即城市不是属于全体居民的，而是属于资本的。随着工业化、城市化的发展，以环境污染为突出的"城市病"也随之产生，严重威胁城市环境质量，其根源在于城市的资本属性压倒了人本属性。"人民城市"重要理念继承和发展了马克思主义城市思想，在环境治理中坚持以人民为中心，把握人的本质属性，以增进民生福祉为根本旨向，着力解决影响人居环境的问题。

2. 马克思主义人民观的共情表达

以人为本的思想历史悠久，纵观古今中外可以看到这是人类普遍追求的共同理想。马克思主义者也将这一思想作为其矢志不渝的价值

① 《马克思恩格斯选集》第 2 卷，人民出版社 2012 年版，第 289 页。
② 《列宁全集》第 23 卷，人民出版社 2017 年版，第 358 页。

追求。马克思主义的终极价值是实现人的全面发展，以人民大众、全人类的共同价值立场为根本立场和出发点，是"人民城市"理念核心要义的重要来源。

马克思人本主义思想建立在唯物史观基础之上，并继承了前人的人本思想。它以辩证唯物主义世界观作为理论依据，从现实中个人的视角出发，把人的物质实践和生产劳动作为人的存在方式，把个人的存在看作是人类历史的前提和基础，深入剖析了人的本质和价值，并以"人的解放"作为最终目标。马克思主义有别于西方传统的人本观和西方资本主义社会对人的传统观念。在资本主义社会里，城市发展、社会治理伴随着的是对广大劳动人民的压迫和剥削，人往往无法真正实现自己对自由和幸福的追求，"人的异化"成为幸福路上最大的绊脚石，广大劳动人民难以实现自身的价值，其人的本质也难以体现，根源还是资产阶级主导下的资本主义社会的治理活动和与之相关的诸多举措无法代表最广大人民群众的根本利益。马克思主义站在无产阶级的立场上，认为无产阶级不占有生产资料、在资本主义制度下由原本孤立的存在状态走向联合，成为真正具有革命性、组织性的共同体，没有阶级压迫与对抗，人与人之间形成了团结、互助、平等的同志式的关系，个人利益与集体利益、社会利益在根本上是一致的，其初心和使命是为普天下人类的真正解放而奋斗。无产阶级的这一人本观正是马克思主义理论的浓缩精华。

马克思主义全部的理论就是以现实中的人的本质为基础的，其揭示的真理就是：一个善治的社会必须以"人民当家作主"为前提，主动权在人民的手中，一切为了人民的利益，社会治理得到人民的共同参与和拥护①。总之，马克思主义的人本观的要义之一在于社会治理是否为了人民，是否依靠人民，又是否受益于人民。这一哲学思考是把人的解放置于极其崇高的位置中，和目前的城市治理和发展的初衷完美契合。马克思主义人民观在坚持唯物史观的基础上，以"现实的人"为起点，解决"为了谁"的问题，找到人民是创造历史的主体和价值的主体，是进行物质资料和精神资料生产的主要力量。"人民城市"重要理念的本质内涵是马克思主义人民观的新发展，以"为人民"为理论伊始和实践指向，坚持"人民城市为人民"的价值内核，是对人民主体性的本质表征。

3. 中国共产党人有关城市治理的初心与使命

中国共产党作为一个马克思主义政党，其宗旨就是全心全意为人民服务。新中国成立以来，在城市建设和管理上经历了一段曲折前进的历程——从最初机械学习苏联的城市发展模式，到后来逐渐探索出带有本土特色的城市发展道路，形成一系列宝贵的理论经验，为新时代提出和布局建设人民城市奠定基础，创造现实条件，提供丰富的经验参考。

新中国成立初期，通过以消灭资本主义生产关系为基本手段，在政治体制上明确了城市属于谁的根本问题。最初从农村进入城市，中国共产党就明确了城市应具备的人民属性。1948 年 4 月 8 日，毛泽东在《再克洛阳后给洛阳前线指挥部的电报》中首次提出："城市已经属于人民，一切应该以城市由人民自己负责管理的精神为出发点"②，从根本上明确了"人民是城市的主人"的属性。改革开放以

---

① 俞可平：《治理与善治》，社会科学文献出版社 2000 年版，第 7 页。
② 《毛泽东选集》第 4 卷，人民出版社 1991 年版，第 1324 页。

来，中国共产党把满足人民物质和精神生活需要置于城市发展的首要位置，破除苏联城市管理模式下的弊病。邓小平曾强调把人民拥不拥护、赞不赞成、高不高兴、答不答应作为衡量党和国家一切事业的根本准则。于是，"以人为本"成为我国城市建设的根本标准。新时代以来，从"人民对美好生活的向往就是我们的奋斗目标"，再到"人民城市为人民"，都是中国共产党永葆初心和使命的真情表达，也是建设中国特色社会主义人民城市的坚实理论根基。

（三）"人民城市"理念的科学内涵

"人民城市人民建，人民城市为人民"是习近平总书记 2019 年考察上海时提出的重要理念。该理念具有重大的理论内涵和实践价值，旗帜鲜明地体现了在城市发展与建设的过程中"人民"的主体地位和价值导向。

1. 现有研究述评

一是关于"人民城市"重要理念的科学内涵。坚持马克思主义唯物史观的立场观点方法，以"人民城市"为核心理念，深刻阐明了中国共产党领导下的中国特色社会主义城市建设发展的根本立场与治理路径，深刻揭示了新时代中国城市工作的宗旨与方针、主体与依靠、导向与重心、部署与规划①。有学者认为人民城市的理论前提是，城市建设为了人民、城市建设依靠人民、城市发展的成果由人民

① 谢坚钢、李琪：《以人民城市重要理念为指导　推进新时代城市建设和治理现代化——学习贯彻习近平总书记考察上海杨浦滨江讲话精神》，《党政论坛》2020 年第 7 期。

共享，这也是人民是城市建设的出发点和落脚点①。"人民城市人民建，人民城市为人民"是习近平总书记关于新时代城市治理的新论断，是"以人民为核心，为人民办实事"治国理政理念的具体化，为城市发展与治理提供了坐标②。人民城市的理念彰显出社会主义制度和我国城市建设的本质联系，这是人民城市的显著特征，其从制度构建的高度，融合城市发展的普遍规律和带有中国特色的城市发展道路，对中国特色社会主义下的城市做出了全新的设计，为城市现代化建设赋予了中国特色社会主义的灵魂③。主要围绕"人民城市"重要理念的核心要义、时代价值等重大问题，可以看出这些研究成果从不同角度对人民城市这一重要理念以及以人民为中心的核心思想、城市发展治理进行了重要阐述，扩充并拓展了理论体系厚度，也为上海市的城市建设、城市治理提供了重要的理论支撑。

二是关于"人民城市"重要理念的实践应用研究。第一，以"人民城市"重要理念指导社会治理。有学者认为要将人民城市重要理念作为引领，在城市发展的统筹规划、建设、管理的全过程中均要注重多元主体的积极参与。结合上海实践，统一战线服务于人民城市的社会治理。就统一战线服务人民城市社会治理进行思考，重点围绕上海社会治理的社会化、法治化、国际化等议题展开分析论述并提出着力方向，包括统一战线作为"社"的力量参与、服务基层法治建

---

① 何雪松、侯秋宇：《人民城市的价值关怀与治理的限度》，《南京社会科学》2021年第1期。

② 吴新叶、付凯丰：《"人民城市人民建、人民城市为人民"的时代意涵》，《党政论坛》2020年第10期。

③ 刘士林：《人民城市：理论渊源和当代发展》，《南京社会科学》2020年第8期。

设和参与全球城市合作与竞争等①。第二，以"人民城市"重要理念指导城市治理。人民城市是以人民为中心理念在城市发展维度的具体展现，是国家治理现代化在城市维度的实践，是中国特色社会主义之治在城市维度的精准表达。人民城市及其治理承载着国家治理现代化的目标，承接着城市治理的典型示范，联系着人民对美好生活的向往②。第三，以"人民城市"重要理念指导新时代环境治理。"十四五"规划中提到了要加强党建引领、治理重心的下移以及科技赋能，以此不断提升城市环境治理科学化精细化智能化水平。推进城市环境治理必须坚持"人民城市人民建，人民城市为人民"的理念，充分发挥党建引领的核心作用，努力发挥人民群众的主体作用，把治理重心放在基层社区，充分利用大数据、区块链、人工智能等数字技术在城市环境治理方面的作用，推动城市治理"一网统管"，满足人民群众的服务需求，等等③。第四，探究"人民城市"理念下老旧小区的公共空间品质。从居民的切实需求出发，关注居民多元参与和空间导向的关系，结合全卷积神经网络模型和城市景观数据集等人工智能技术手段提出以人为核心的老旧小区公共空间品质高颗粒度的精准测度④。这些研究主要围绕"人民城市"重要理念对于社会治理、城市治理以及城市环境治理等方面内容的指引，是对"人民城市"重要

---

① 李骏：《统一战线服务人民城市社会治理：结合上海实践的理论思考》，《上海市社会主义学院学报》2021年第3期。

② 宋道雷：《人民城市理念及其治理策略》，《南京社会科学》2021年第6期。

③ 余池明：《推进城市治理现代化要坚持人民城市人民建》，《中国建设报》2021年4月5日。

④ 张永超等：《人民城市理念下老旧小区公共空间品质测度研究》，《建筑经济》2021年第S1期。

理念在实践层面具体内涵的丰富和延伸。

目前，关于"人民城市"重要理念的相关学术研究数量并不多，其中很大一部分围绕这一理念的内涵以及指导作用展开，对于以"人民城市"重要理念推动社会治理的实践路径研究较少。研究人民城市的立足点是马克思主义的唯物史观、马克思主义人民观和城市发展思想。马克思主义人民观立足于实现和维护最广大人民的根本利益，以实现人类解放为目标，认为人民群众在社会变革中发挥着决定性的作用。马克思主义城市思想的核心是人民群众是城市的主人。"人民城市"重要理念是"人民群众创造历史"唯物史观在中国城市问题上的鲜明体现，集中展现马克思主义人民观的深刻内涵，是马克思主义城市思想的传承和在当下的发展，深刻地阐释出新时代我国城市建设发展要获取的重要力量源泉，为以"人民城市"重要理念指导环境治理提供理论支撑。

2. 以人民为中心的核心要义

一方面，理解"人民城市"理念可以从三个"人民"的视角展开。第一点，从我国城市发展的根本属性而言，即城市的社会主义属性和人民属性。在中国的城市，其政治属性是社会主义制度下的城市。这一社会主义属性和城市的人民属性有天然的一致性和统一性。作为社会主义制度下的城市，坚持"人民城市人民建，人民城市为人民"是其内在要求。第二点，从城市发展的根本目的而言，即满足人民对于美好生活的向往和需求。人民对美好生活的向往就是我们的奋斗目标，这一奋斗目标和根本目的不仅要融入城市整体规划建设的血脉中，也要体现在城市发展的具体细节里。人是城市里的核心，城市发展就是要顺应人民群众对于美好生活的期盼和向往，在顺应城市工作的新形势和改革发展新要求下，为人民创造更加幸福的美好生活。第三点，从城市发展的根本动力而言，即利用和发挥人民群众的主体作用。根据马克思主义唯物史观的基本思想，历史的创造者是广大的人民群众，最了解实际情况的，是人民群众，推动改革，最大的依靠力量，也是人民群众。人民群众既是历史的创造者，也是城市建设的主体，城市的发展离不开他们的参与和贡献，城市的发展也必须依靠人民群众的力量。

"人民城市"重要理念是习近平总书记结合长期城市工作实践和对中国特色社会主义城市治理的系统思考和理论概括，始终坚持以人民立场为城市建设的根本立场，赋予马克思主义人本思想以新时代的内涵，也是新时期中国特色社会主义城市发展道路的最新表述。

另一方面，要牢牢抓住人民性的根本属性。在社会主义城市中，人民性就是指以人民为中心，这是人民城市重要理念的核心。把握好人民性这一根本属性，在具体开展人民城市建设时，就应关注人民的突出地位，力求为人民群众办实事、做好事、解难事，真正做到"为人民服务"。中国共产党的宗旨、初心与使命和"人民城市"理论的主题是不谋而合、一脉相承的，那便是以人民为中心的发展思想，这也是贯穿于中国特色社会主义城市建设的一条主线。人民城市建设的根本目的是满足人民对美好生活的向往和需求，人民城市的建设也要依靠人民，因此，要把体现人民利益、反映人民愿望、维护人民权益、增进人民福祉贯穿于城市建设的全过程和各方面，并充分调动和激发人民群众在城市建设和治理中的主人翁意识，促进人民群众集思广益，发挥首创精神，积极探索基层人民参与城市建设的新路径。

3. 共建共治共享的社会治理格局

"打造共建共治共享的社会治理格局"，这是党的十九大提出的社会治理新要求，目的在于让更多的主体参与社会治理、以更加多元的方式推动社会治理、更加公平地享受社会治理成果。共建共治共享，也是人民城市的实现路径。以共建为根本动力，以共治为重要方式，以共享为最终目的。

人民的支持、参与是建设人民城市的根本动力所在。人民群众不仅是城市建设的实施主体，更是城市建设和发展的动力源泉。城市发展需要根植于人民群众的深厚根基中，在过去城市得以高速发展离不开人民的创造，在未来城市发展取得更多辉煌成就更需要依靠人民的力量。随着人民城市的实践不断展开，首先应关注并吸纳人民对于城市建设的集体智慧和积极探索，为打造中国特色现代化城市提供不竭动力，持续创新"有事好商量、众人的事情由众人商量"的制度化实践，推动形成多元社会主体共建人民城市的新格局。共治是"人民城市"重要理念的题中应有之义，也是人民城市建设的必由之路。作为人民的城市，人民作为治理体系主体的重要力量积极融入城市治理体系的一部分，方能使人民城市建设不偏离以人民为中心的初心，真正实现共治格局。人民城市建设的最终目的是共享，共享意味着人民共享城市的发展成果，意味着城市的发展建设最终惠及人民，满足人民对美好生活的向往，提高其生活水平。在直面城市发展中的新问题和不同治理理念时，其基本的衡量标准就是能否做到"以人民为中心"。城市规划建设治理是一个综合性的系统工程，单纯依靠政府力量远远不够，要坚持"人民城市人民建""人民城市人民治"，建立政府牵头、各部门合作、全社会参与的城市治理大格局。要把城市社会治理重心向基层下移，把资源和权力下沉，在基层党组织引领和基层党员带头示范下，让人民群众有更多获得感、幸福感、安全感。

二、城市环境治理的主要内容

随着经济与社会的快速发展，环境问题已成为当前政府亟待解决的难题，雾霾、水体污染、垃圾围城、生态系统退化等问题已成为社会公众关注的焦点，严重影响了人们的生活质量。环境治理，除了要对"污染后"的环境进行治理（即"事后"治理）之外，更需要在"污染前"就进行"减排放"的治理（即"事前"治理），而要达到"减排放"的目的，就必须以"利益"为导向，引导各主体将"三废"作为资源来加以利用。因此，"事前"治理和"事后"治理成为环境治理理论与系统解决方案的两大支柱。就环境治理研究对象而言，硬指标主要是指大气污染（雾霾）、水系污染、土壤污染和固体废弃物（包括生产性固废和生活性固废），软文化主要体现在技术、行政执法和生活品质文化等方面。党的十八大以来，我们党关于生态文明建设和生态环境保护的实践不断丰富和发展："生态文明建设"是"五位一体"总体布局的重要组成部分；"坚持人与自然和谐共生"是新时代坚持和发展中国特色社会主义基本方略中的一条基本方略；"绿色"是新发展理念中的一大理念；"污染防治攻坚战"是在三大攻坚战中的一大攻坚战。这"四个一"体现了党对建设生态文明的部署和要求，反映出的是中国共产党对生态文明建设规律的把握，体现出新时代下生态文明建设在党和国家事业发展中的重要地位。

（一）环境治理是全球大势所趋

自 20 世纪 50 年代以来，环境管理问题日渐受到重视，逐渐成为当代环境研究方向中的一个重要议题。其本身也作为一个交叉学科核心概念，融合了生态经济学、环境与资源经济学、环境政策、当代政治生态学以及可持续性科学等学科。有关环境管理的研究也不断发展和革新。环境管理成为一个全球性的共同关注话题，或与日益突出和严峻的全球性环境问题息息相关。这些环境问题也对人类应对能力提出了巨大挑战，要求人类高度重视，并积极通力合作，共同致力于实现可持续发展目标。

通过对国际和国内环境管理理念与模式的考察与研究发现：环境管理大致经历了从环境管理到参与式管理，再到治理的变迁过程，这也可以看作是环境政策、政治生态学等领域的一个重要变革。具体而言，对环境管理问题的关注起始于 20 世纪 50 年代，一直到 20 世纪六七十年代都以环境管理范式为主，传统环境管理模式着重关注具体管理技术、政府规制行为以及产权划分等对环境问题的影响；20 世纪 80 年代环境管理的重心转向参与式管理，参与式管理突出地方知识的重要性和公众参与环保的力量；从 20 世纪 80 年代末到 90 年代初，环境治理模式逐渐兴起，并在 21 世纪初得到迅速发展，环境治理则强调通过多元组织参与解决复杂环境问题。从总体上说，伴随这一变迁过程的，还有不同社会主体日益提高的对环境管理的关注度和参与度。

从行为主体来看，环境管理模式的变迁过程是参与主体不断增多的过程，从最初环境管理模式的政府、市场到参与式管理模式中公众的介入再到治理模式的非政府组织、宗教、专家学者、新闻媒体、国际组织等多元主体，参与主体不断增多。在管理模式上，从强调政府命令与控制转向对主体之间的合作与伙伴关系的重视。现代社会高度融合的特征也对环境管理领域中主体间的协作或协同治理提出了更为迫切的要求。在互动模式和互动程度上，从自上而下的较弱互动转向自下而上的互动再到程度最高的网络化互动。在参与机制和公众地位上，公众参与的重要性不断得到认可，参与地位不断提高，参与的程度逐渐加强。当前的环境管理模式，已逐步建立在政府主导、市场主体与公众参与三个方面协同治理上来。

表 1-1 环境管理、参与式管理、环境治理模式的比较

区别	环境管理模式	参与式管理模式	环境治理模式
行为主体	政府、市场	政府、市场、公众等	政府、市场、NGOs、专家学者、社会公众等
管理模式	命令—控制型	公众参与	协同合作
互动模式	自上而下	自下而上	网络化、平行横向
互动程度	弱	中	强
参与机制	被动接受	积极回应	主动参与

（二）环境治理是人民意愿所盼

城市生态环境，一般是指围绕城市居民而存在的，直接影响居民生存与健康的大气、水、土地、森林等自然环境，以及在此基础上形

15

成的以城市建筑、道路、交通工具、绿化带等为内容的人工环境①。城市生态环境的优劣将直接关系到居民生活质量和城市发展水平。改革开放以来，我国经历了一段时期的经济高速发展阶段，城镇化水平和居民生活水平在这一过程中迅速提高，但囿于发展理念和客观环境，与经济高速发展随之而来的也有城市生态环境的恶化，大气污染、水污染、土壤污染等破坏城市生态环境的事件时有发生。城市生态环境的压力在一定程度上成为城市未来发展的瓶颈。2015 年 12 月 20 日，时隔 37 年后，中央城市工作会议在北京召开，会议强调城市发展要把握好生产空间、生活空间、生态空间的内在联系，城市工作要把创造优良人居环境作为中心目标，努力把城市建设成为人与人、人与自然和谐共处的美丽家园②。

一是城市和人类的发展与生态环境联系紧密。马克思将环境划分为"自在自然"和"人化自然"。"自在自然"为人类产生、形成和发展提供了各种必需品，人类利用手中的劳动工具不断利用、改造自然环境，形成"人化自然"。人类的形成与发展同自然环境密切相关，唇齿相依，是一个有机整体。人类社会的生态系统与自然界的生态系统，不仅是相通相连的，而且所追求的多样性特征也一样，都是追求生态系统的动态平衡、可持续性。人与人之间，人与自然之间，经济活动与生态环境之间，物质需求与精神追求之间，都是以命运共同体为指引，形成生产、生活、生态"三生"体系之间的共生共荣、相互依存、相互促进的系统。生态环境是人类生存、生产与生活的基本条件，城市本身也是一个广义上完整的生态系统，即由城市自然环

---

① 朱作鑫：《城市生态环境治理中的公众参与》，《中国发展观察》2016 年第 5 期。
② 朱作鑫：《城市生态环境治理中的公众参与》，《中国发展观察》2016 年第 5 期。

境与物质、社会关系、经济活动和作为城市居民的人类共同构成。而城市治理要实现的目标，必须是符合安全、健康、和谐、可持续的经济与社会环境发展共赢的要求，让人类在城市中的生活更美好。改善生态环境，建设生态文明，突出体现了以人民为中心的发展思想。

二是生态环境综合治理有利于生态文明建设。生态文明建设事关"两个一百年"奋斗目标和中华民族伟大复兴中国梦的实现。中国特色社会主义，既是经济发达、政治民主、文化先进、社会和谐的社会，也应该是生态环境良好的社会①。在全面推进现代化的过程中，需要为人民创造良好的生产生活环境，那就必然要求在经济、政治、文化、社会建设的全过程和各方面融入生态文明建设的理念和原则。"十四五"规划和二○三五远景规划提到，"十四五"时期经济社会发展主要目标：生态文明建设实现新进步，国土空间开发保护格局得到优化，生产生活方式绿色转型成效显著，能源资源配置更加合理、利用效率大幅提高，主要污染物排放总量持续减少，生态环境持续改善，生态安全屏障更加牢固，城乡人居环境明显改善。② 生态环境综合治理是生态文明建设的重要组成部分。习近平生态文明思想，立意高远，内涵丰富，指明了生态环境的重要属性和地位。

---

① 周生贤：《中国特色生态文明建设的理论创新和实践》，《中国环境监测》2012 年第 6 期。

② 《中华人民共和国国民经济和社会发展第十四个五年规划和 2035 年远景目标纲要》，人民出版社 2020 年版，第 15 页。

（三）环境治理是城市治理所归

任何一个国家经济、社会的可持续发展，都离不开两个基本支撑：一是良好的环境治理的支撑，二是丰富的自然资源的支撑。这是经济、社会发展不可或缺的物质基础或基本前提。没有这两项基本支撑，经济、社会的发展是不可持续的。环境治理作为我国国家治理的一项重要内容，与经济治理、政治治理、文化治理和社会治理同等重要，不可或缺，在国家治理体系中占有重要地位。因此，习近平总书记强调，良好的生态环境是一座城市最公平的公共产品、最普惠的民生福祉，与城市中每个人息息相关。生态环境保护工作的成效，直接影响着城市治理的成色。生态优先、绿色发展是我国社会经济的发展方向和路径，实施可持续发展，就是将生态效益、经济效益和社会效益形成有机的统一，促进城市经济增长与人口、资源、环境发展的相协调。实现宜居的城市，就要以城市作为生态系统的理念引领城市治理，要坚持"可持续"为内在的必然要求，促进城市走向生态经济化、经济生态化道路。

城市环境治理主要包括城市污染、城市公共交通等硬环境的治理以及营造良好的城市发展软环境。良好城市环境治理的标准一定是能够满足城市发展的各个方面可持续性的治理模式。城市环境治理必须平衡兼顾代际间的社会经济和环境需要，必须在可持续发展上有长远的战略眼光，并有能力为共同的福利而调和各种不同利益。

2020年11月，习近平总书记在江苏考察时强调："建设人与自然和谐共生的现代化，必须把保护城市生态环境摆在更加突出的位置,科学合理规划城市的生产空间、生活空间、生态空间,处理好城市生产生活和生态环境保护的关系,既提高经济发展质量,又提高人民生活品质"①。生态环境是城市格局中不可或缺的一部分,直接关系到城市经济的长远发展和城市生活品质的全面提升。在城市生态环境的范畴中,最重要的两个组成要素是生物和环境,这两者的关系相辅相成又相互制约,既能互补又会存在一定的局限。

城市生态环境是城市生存依托的外部条件,是城市生态系统的重要支撑。在城市化的进程中,随着城市规模的扩大和发展速度的加快,许多城市出现了资源、环境等承载能力不足乃至"超载"的情况,城市体系出现了结构失衡、失调,各种"城市病"涌现,如资源短缺、交通拥堵、环境污染、城市贫困、治安恶化、基础设施和公共服务不足等,生态环境治理也是城市治理命题中的应有之义。

(四)环境治理是绿色发展所需

2021 年是"十四五"开局之年,也是推动减污降碳协同增效、促进经济社会发展全面绿色转型、实现生态环境质量改善由量变到质变的关键之年。习近平总书记强调,"绿色是永续发展的必要条件和人民对美好生活追求的重要体现"。② 在城市建设中,要把"绿色"作为城市治理的底色。绿色治理必须树立以人民为中心的治理导向,把绿色治理作为实现人民美好生活的必然选择。在城市治理中,要始

---

① 《贯彻新发展理念构建新发展格局 推动经济社会高质量发展可持续发展》,《人民日报》2020 年 11 月 15 日。
② 《十八大以来重要文献选编》中册,中央文献出版社 2016 年版,第 792 页。

终以绿色发展理念推动人、境、业的和谐统一，实现生活、生态、生产的有机融合。

第一，城市治理要把"绿色发展"作为根本目标。进入新时代，主要矛盾发生变化，治国理政中更应该关注满足人民对美好生活的需要。何谓"美好生活"？美好生活内涵十分丰富，是一个多维概念，既包括内部物质的满足和精神的富足，也包括宜居优美的外部环境。第二，城市治理要把"生态意识"作为基本意识。这一点是正确认识城市问题的必备意识。城市是一个复合体，也是一个生态系统，是"人、经济、社会、自然"的综合，因而在城市治理过程中，"生态意识"应深深嵌入和融合，最终形成包含生态导向的城市发展模式。第三，城市治理要把"和谐共生"作为核心要求。在《国民经济学批判大纲》中，恩格斯指出，"我们这个世纪面临的大转变，即人类与自然的和解以及人类本身的和解"①，科学地揭示了城市与自然互为对象性的关系。生态文明不仅是一种崭新的思想理念，还是一种必然的文明形态。城市治理必须以绿色发展理念为指导构建"共生式"的空间系统②。第四，坚持把握并善于运用生态系统思想构建我国城市现代化治理体系。以生态文明建设为总方向，以"城市生态系统命运共同体"为指引，以"多元共治"为方法，贯穿"安全、健康、和谐、可持续"的城市生态系统治理目标理念，牢牢把握经济与社会环境发展共赢的要求，注重发挥生态环境效益成为城市高质量发展的重要力量和抓手，实现让人类生活更美好的城市治理目标。

---

① 《马克思恩格斯全集》第 3 卷，人民出版社 2002 年版，第 449 页。
② 韩秋红：《从"人类与自然的和解"到"人与自然和谐共生的现代化"》，《光明日报》2021 年 9 月 24 日。

三、"人民城市"理念和环境治理的互动响应

（一）"以人民为中心"思想贯穿于城市治理的具体体现

人民城市理念和城市环境治理在根本出发点上异曲同工。"人民城市人民建，人民城市为人民"的重要理念，是习近平总书记关于城市工作一系列重要论述的高度凝练和集中体现，充分体现了"人民是历史创造者"这个历史唯物主义的根本观点，充分彰显了中国共产党作为马克思主义政党人民至上的政治立场。人民城市的重要理念标志着新的城市发展方向、新的城市理论和新的城市政策内涵。人民城市重要理念深刻阐明了城市建设和治理的人民性逻辑，揭示了人民与城市关系的本质，是我国城市建设和治理的根本遵循。从人民城市重要理念提出的历史维度来看，它的逻辑起点既包括中国共产党人的初心是为中国人民谋幸福，也包含习近平总书记个人的人民情怀。

"人民性"是中国特色社会主义城市发展方向的根本属性。人民城市重要理念是马克思主义发展观和马克思主义城市理论的当代体现，是习近平新时代中国特色社会主义思想的重要组成部分。城市工作是一个系统工程，做好城市工作要顺应城市工作的新形势、改革发展新要求、人民群众的新期待，始终坚持以人民为中心的发展思想。人民城市的人民性，体现在城市发展建设治理，为了人民、依靠人民、服务人民、成就人民的过程之中，也体现在城市让人民生活更美

好，人民也让城市变得更美好的良性互动的过程之中。这种人民与城市相互成就、融为一体的状态，就是人民城市的精神真谛所在。

城市包罗万象，人民群众对美好生活的追求各式各样。随着人民生活水平的日益提高，我国社会的主要矛盾已经由人民日益增长的物质文化需要同落后的社会生产之间的矛盾转变成人民日益增长的美好生活需要和不平衡不充分的发展之间的矛盾，这意味着人民群众对生活环境、生活质量的要求提高了。

城市环境治理的深层目的归结起来就是为了实现、维护、发展好广大人民的根本利益。城市环境治理遵循的核心理念应当是"人本治理理念"，即城市环境治理的出发点和落脚点都是人民，这是不可动摇的根本。城市环境治理应当始终聚焦服务于人民群众的最共性问题、最基本诉求和最根本利益，体现"人民性"特征。党的二十大对"推动绿色发展，促进人与自然和谐共生"作出具体部署，特别是提出"深入推进环境污染防治"，进一步体现了党中央以满足人民日益增长的良好生态和优美环境需要为根本目的。城市建设需站在人与自然和谐共生的高度谋划发展，城市归根结底是人民的城市、老百姓的幸福乐园。说到底就是要求我们把以人民为中心的发展思想贯穿城市工作始终，让城市发展处处围绕人、时时为了人。

（二）城市环境治理是"人民城市"重要理念的题中之义

"人民城市人民建，人民城市为人民"是 2019 年习近平总书记到上海杨浦滨江公共空间视察时，对杨浦区科学改造滨江空间、打造群众公共休闲活动场所的做法表示肯定后总结出的重要理念。从

"工业锈带"到"生活秀带",杨浦滨江的一草一树,厂房楼宇都有了新的样貌,显示着杨浦滨江焕新之"快速"。可以说,"人民城市"理念从一开始就是和城市环境治理紧密联系的,城市环境治理是人民城市重要理念提出的背景。生态环境是关系民生的重大社会问题,宜居的生态环境,是"人民城市为人民"的重要体现。

绿色宜居是人民城市建设的目标。"十四五"规划提到,"顺应城市发展新理念新趋势,开展城市现代化试点示范,建设宜居、创新、智慧、绿色、人文、韧性城市"。2020年6月,上海市第十一届委员会第九次全体会议审议通过的《中共上海市委关于深入贯彻落实"人民城市人民建,人民城市为人民"重要理念,谱写新时代人民城市新篇章的意见》指出,城市的核心是人,关键是12个字:食衣住行、生老病死、安居乐业。安居乐业离不开良好的生态环境。城市,让生活更美好,其出发点和落脚点,就是要让工作生活在这座城市中的人们更幸福,让全体市民都有获得感、幸福感、安全感。在城市治理上要尊重城市建设与治理的客观规律,坚持以打造宜业、宜居、宜乐、宜游的城市环境为目标,统筹生产、生活、生态三大布局,建设"三生融合、四宜兼具"的现代化高品质城市,坚定走内涵式、集约型、绿色化的高质量发展路子,努力创造宜业、宜居、宜乐、宜游的良好环境。

(三)"人民城市"重要理念是城市环境治理的现实导向

1. 明确环境治理的目的

"人民城市"重要理念是"以人民为中心"思想在城市层面的丰

富与拓展。"人民城市"重要理念既明确了在城市工作依靠谁的问题，即要把人民群众当作城市建设和治理的主体，听取人民心声，在城市建设和发展过程中问计于民；又回答了城市工作为了谁的问题，要在"以人民为中心"的思想指导下，从人民的需求出发，建设服务型政府和责任型政府，把城市作为满足人民期望的载体，让城市发展成果惠及全体人民。

城市环境治理根本出发点是人民群众对于美好生活的需求。城市的本质及其功能展现的基础都是人，城市的最终目的是使人过上更好的生活，实现更全面的发展。那种将城市视为一台高精度机器的结构主义观点是机械的，城因人而生，人为城之本，城市的存在是为了让人的生活更美好，以人为本应该作为城市治理最根本的理念。

城市环境治理是实践"人民城市"重要理念的具体展现。2020年6月23日，上海市第十一届委员会第九次全体会议审议通过《中共上海市委关于深入贯彻落实"人民城市人民建，人民城市为人民"重要理念，谱写新时代人民城市新篇章的意见》，提出"五个人人"的城市发展要求。由于环境的外部性特征，城市环境治理成为城市工作中践行"人民城市"重要理念的有效抓手和行动体现。一方面，环境保护与每个人息息相关，在垃圾分类回收、水资源节约利用、减少塑料使用等日常生活的各个方面，都需要人民的参与，人人有责、人人尽责，从我做起、从当下做起；另一方面，"良好的生态环境是一座城市最公平的公共产品，是最普惠的民生福祉"，习近平在浙江安吉考察时提出的"绿水青山就是金山银山"理论，明确了生态环境供给本身就是人民幸福生活的新内涵，推进生态保护工作将有效提升"人民城市"建设的成色，环境治理所释放的城市红利也必将惠及全体人民。

2. 明确环境治理的主体

城市发展取决于人民，城市环境治理也取决于人民。城市发展必须调动各方的积极性、主动性和创造性，尊重公民参与城市发展决策的权利，鼓励公民通过各种途径参与城市建设和管理。良好的城市生态环境需要全社会的共同努力，特别是广大人民群众的有效参与，人民主体必将成为今后城市生态环境治理的必然出路和选择。在城市生态环境治理中，城市居民是最重要的利益相关方，要充分调动他们参与城市生态环境治理的积极性，提高参与能力，建立完善的机制，使人民群众从制度层面参与城市生态环境治理。对解决城市化发展过程中出现的各种城市生态环境问题，提高城市生态环境治理的民主化和法制化水平，提高城市生态环境治理水平，具有更加积极和重要的作用。

同时，亦需意识到广大人民的深厚力量。要充分认识 NGO 组织和人民群众在城市生态环境治理中的作用，对 NGO 组织、广大人民群众参与城市生态环境治理采取更加务实、开放、包容的态度。对民间环保组织、普通公众参与城市生态环境治理，必须加强规范和引导，而不是消极地规范和排斥。NGO 组织和广大人民群众依法合规参与城市生态环境治理的行为应得到支持和鼓励，并注意倾听他们的诉求与呼声，而针对其中发生的负面行为，要加强指导教育，依法制止和查处。

3. 明确环境治理的格局

"人民城市"重要理念深刻揭示了中国特色社会主义城市的人民性，明确城市属于人民、城市发展为了人民、城市治理依靠人民。近年来，上海市委市政府坚持以人民为中心，对标国际最高标准、最好水平，以共建为根本动力，以共治为重要方式，以共享为最终目的，自觉地把"人民城市人民建，人民城市为人民"重要理念贯彻落实到上海城市规划、建设、管理和生产、生活、生态各环节各方面，努力提升人民城市的治理能力，彰显人民城市的宜居魅力，以最大效能为人民群众服务和创造美好生活，增强人民群众的获得感、幸福感、安全感。良好的生态环境是最普惠的民生福祉，生态环境保护的成效直接关系人民城市建设的成色。因此，打造"共建共治共享"共同体，构建人民城市环境治理新格局也就成为题中应有之义。

共治：从金字塔型治理到球型治理，体现人民城市的"参与性"。金字塔型结构是人类社会长期以来最基本的治理结构，因其简单、高效和稳定的特点，在以往的城市治理过程中发挥了积极作用。但是，自底向上传递信息、自顶向下传递命令并执行的金字塔型结构无法真正与人民的需求产生互动响应，更无法有效解决人人参与社会治理的问题。随着以网络、大数据、人工智能为代表的新信息技术带来的社会变革，推动人类社会的中心化、层级型金字塔型治理向去中心化、整体型球型治理转变，已经成为一种趋势。而从金字塔型治理到球型治理的转变，也充分体现了人民城市的"参与性"。在球型治理结构中，人民既是城市环境治理的主体也是环境治理的对象，人民可以提出诉求，参与决策、执行、管理、监督，从而推动相关问题的解决。作为环境治理的关键一环，推动城市生活垃圾治理同样需要"破圈"。这是因为，人人都是垃圾的产生者，人人都是垃圾的受害者，人人也都是垃圾的处理者，城市生活垃圾治理需要人民的参与，推行城市生活垃圾分类也是为了人民共享宜居的生态环境。上海市实施生活垃圾分类两年多来，居民垃圾分类参与率和准确投放率均超过95%，垃圾分类成效显著，已逐渐成为上海市民的"肌肉记忆"，在全国46个重点城市垃圾分类考核中排名第一。

共建：从虹吸效应到辐射效应，体现人民城市的"延展性"。从历史发展和人们的行为方式来看，产业和人口向大都市集中是必然趋势。在城市发展初期，靠积聚周边的生产要素发展，占据城市发展和建设的利好高地，以产业发展为主，从其他地区吸引人才、投资、人口、信息等优质资源形成虹吸效应，有其合理性和必然性。但当城市发展到后期，中心大城市对周边地区应该更多发挥辐射效应。"十四五"时期，我国生态文明建设进入以降碳为重点战略方向、推动减污降碳协同增效、促进经济社会发展全面绿色转型、实现生态环境质量改善由量变到质变的关键时期。对上海这样一个高密度、大体量的城市来说，以"人民城市"重要理念推动环境治理现代化势在必行。

按照习近平总书记"城市管理应该像绣花一样精细"的指示要求，上海持续在科学化、精细化、智能化管理上下更大功夫，从督促市民严格遵循法律法规、利用多种现代化手段等多个侧面进行探索。如运用"数据战术"，实现"一网通办"和"一网统管"；探索"党建引领+街长制+网格化"全周期管理模式，构建街区"1+2+X"城市综合管理服务体系，把精细化管理标准和责任落实到"最后一米""最后一人"等。

共享：从单一静态诉求到多元动态需求，体现人民城市的"柔韧性"。党的十九大报告指出，我国社会主要矛盾已经转化为人民日益增长的美好生活需要和不平衡不充分的发展之间的矛盾。从需求端看，需求从单一静态的"物质文化需要"升级为多元动态的"美好生活需要"，范围扩大、层次提升，充分说明了建设人与自然和谐共生的现代化，一方面需要创造足够的物质和精神财富来满足人民日益增长的需求；另一方面也要提供足够的优质生态产品来实现人民对于宜居生态环境的需求。

以"人民城市"重要理念为引领，以人民对美好生活的向往为目标，着力增加高品质生态空间，打造宜业、宜居、宜乐、宜游的生态环境，推动城市环境治理现代化。比如，杨浦滨江作为"人民城市"重要理念的首发地，把"让人民生活更幸福"作为城区建设与治理的方向，推动旧区改造等惠民工程，解决群众最迫切的"老、小、旧、远"难题。杨浦滨江的蝶变新生，是习近平新时代中国特色社会主义思想在城市建设与治理领域的最新实践成果，也是新时代深入推进人民城市建设、实现人民群众对美好生活向往的有益样本。

第 二 章

"人民城市" 理念视域下上海市
环境治理政策的演进

本章系统梳理了截至 2022 年 1 月 30 日上海市所颁布的现行有效的环境治理政策，共包括 15 部地方性法规、32 部地方政府规章和 58 部行政规范性文件，内容涉及城市污染治理、生活垃圾处置、环境资源保护等各个方面。通过分析上海环境治理政策的历史沿革和演进规律，可以明显看出维护人民的利益一直是上海市环境治理政策制定的根本出发点，并且近年来上海环境治理政策的人民性不断加强、与"人民城市"理念的结合更加紧密。通过梳理，有利于更好地把握"人民城市"理念与环境治理政策历史逻辑、理论逻辑和实践逻辑三者的有机统一。

一、"十二五" 期间及之前：环境治理政策落脚于人民的利益

"十二五"期间及之前的时期是上海环境治理政策的奠基时期，在此期间上海市共颁布了 41 部地方性法规、地方政府规章和行政规

范性文件。纵观该时期的环境治理政策，可以发现所有政策的制定均离不开人民的利益，"保障人体健康""改善人居环境"等字眼常出现于政策的主要目的和依据中，通过环境治理来维护人民的基本权益和保障人民的根本利益是该时期环境治理政策的主要目的。

另外，该阶段的环境治理政策不仅为后续时期所颁布的环境治理政策奠定了良好基础，也为后续的环境治理政策渲染了"以人民为中心"的基调，带动着上海环境治理政策朝着"服务人民、造福人民"的方向发展，是上海环境治理政策"人民性"演进规律的重要开端，也为"人民城市"理念下的环境治理提供了政策引导。

虽然在该时段，"人民城市"重要理念尚未系统形成提出，但"人民城市"理念中的核心内涵均有体现于该时段的环境治理政策中，"人民中心论""城市生命体论"均是该时段环境治理政策的显著特征，"以人民为中心"始终贯穿着该时段的环境治理政策。由此可见，上海环境治理政策的"人民性"具有深刻的历史逻辑与历史渊源，当前"人民城市"理念下的环境治理也有根可依、有迹可循。

二、"十三五"期间：环境治理政策的人民性和城市性不断融合

"十三五"期间是上海环境治理政策的井喷期，颁布并重新修订了共51部地方性法规、地方政府规章和行政规范性文件，构建了上海城市环境治理的主要制度体系。"十三五"期间也是"人民城市"重要理念系统形成并公开提出的时期，特别是2019年"人民城市"

表 2-1 "十二五"期间及之前上海人民城市环境治理政策汇总表

政策名称	实施日期	发文字号	主要目的	法律效力
《上海市环保局、市绿化市容局关于加强本市一般工业固体废弃物处理处置环境管理的通知》	2015年9月29日	沪环保防〔2015〕419号	加强本市一般工业固体废弃物的管理，满足一般工业固废的处理处置需求，有效防范工业固废处置过程的环境风险。	行政规范性文件
《上海市环保局、市发展改革委、市财政局关于印发〈上海市工业挥发性有机物减排方案〉和〈上海市工业污染治理企业减排专项扶持操作办法〉的通知》	2015年7月17日	沪环保防〔2015〕325号	加快推进本市工业挥发性有机物综合治理。	行政规范性文件
《上海港船舶污染防治办法》	2015年6月1日	上海市人民政府令第28号	防治船舶及其有关作业活动污染本市环境。	地方政府规章
《上海市放射性污染防治若干规定》	2015年5月22日	上海市人民政府令第30号	防治放射性污染，保障环境安全和人体健康。	地方政府规章
《上海市森林管理规定》	2015年5月22日	上海市人民政府令第30号	加强对森林的管理，改善生态环境。	地方政府规章

政策名称	实施日期	发文字号	主要目的	法律效力
《上海市绿化和市容管理局、上海市建设管理委、上海市农委、上海市商务委、上海市财政局、上海市文明办、上海市妇联、上海市爱卫办关于开展本市农村生活垃圾全面治理工作的实施意见》	2015年3月30日	沪绿容〔2015〕104号	全面推进本市农村生活垃圾治理工作。	行政规范性文件
《上海市市容环境卫生责任区管理办法》	2015年3月1日	上海市人民政府令第24号	加强本市市容环境卫生责任区管理，维护市容环境卫生整洁。	地方政府规章
《上海市促进生活垃圾分类减量办法》	2014年5月1日	上海市人民政府令第14号	促进生活垃圾分类减量，改善人居环境。	地方政府规章
《上海市生活饮用水卫生监督管理办法》	2014年5月1日	上海市人民政府令第13号	保证生活饮用水卫生安全，保障人体健康。	地方政府规章
《上海市环境保护局关于规范本市油罐车污染物排放管理的通知》	2014年2月25日	沪环保防〔2014〕81号	贯彻《中华人民共和国大气污染防治法》，改善城市大气环境质量，有效实施《汽油运输大气污染物排放标准》（GB20951—2007），规范油罐车的污染物排放管理。	行政规范性文件
《上海市环境保护局关于加强本市进口固体废物加工利用行业污染防治工作的通知》	2013年12月2日	沪环保防〔2013〕481号	进一步提升本市进口固体废物加工利用行业环境管理水平，强化进口固体废物污染防治工作。	行政规范性文件

续表

政策名称	实施日期	发文字号	主要目的	法律效力
《上海市碳排放管理试行办法》	2013年11月20日	上海市人民政府令第10号	推动企业履行碳排放控制责任，实现本市碳排放控制目标，规范本市碳排放交易市场相关管理活动，推进本市碳排放交易市场健康发展。	地方政府规章
《上海市物价局、上海市绿化和市容管理局关于本市单位生活垃圾处理收费有关事项的通知》	2013年9月1日	沪价费〔2013〕10号	推进生活垃圾处理减量化、资源化、无害化的工作，改善城市生态环境，促进可持续发展。	行政规范性文件
《上海市环境保护局关于做好夏令季节环境污染防治工作的通知》	2013年5月28日	沪环保防〔2013〕236号	加强季节性环境污染防治工作力度，以切实有效的工作举措做好夏令季各项环境管理工作，积极应对夏令季节各项突显的噪声、挥发性有机物、餐饮油烟气、异味等污染扰民问题，预防和减少扰民纠纷。	行政规范性文件
《上海市绿化和市容管理局关于印发〈上海市生活垃圾计量管理办法〉的通知》	2013年4月1日	沪绿容〔2013〕64号	提升生活垃圾分类收集、分类运输、分类处置的准确性、及时性和全面性。	行政规范性文件
《上海市社会生活噪声污染防治办法》	2013年3月1日	上海市人民政府令第94号	防治社会生活噪声污染，保护和改善生活环境。	地方政府规章
《上海市餐厨废弃油脂处理管理办法》	2013年3月1日	上海市人民政府令第97号	加强本市餐厨废弃油脂处理的管理，保障食品安全，促进资源循环利用。	地方政府规章

33

政策名称	实施日期	发文字号	主要目的	法律效力
《上海市餐厨垃圾处理管理办法》	2013年3月1日	上海市人民政府令第98号	加强本市餐厨垃圾处理的管理，维护城市市容环境整洁，保障市民身体健康。	地方政府规章
《上海市社会生活噪声污染防治办法》	2013年3月1日	上海市人民政府令第94号	防治社会生活噪声污染，保护和改善生活环境。	地方政府规章
《上海市餐厨废弃油脂处理管理办法》	2013年3月1日	上海市人民政府令第97号	加强本市餐厨废弃油脂处理的管理，保障食品安全，促进资源循环利用。	地方政府规章
《上海市环保局、上海市卫生局关于进一步加强医疗废物收运处置工作的通知》	2013年2月4日	沪环保防〔2013〕69号	进一步强化医疗废物收运处置工作，确保医疗废物及时、安全收运处置。	行政规范性文件
《上海市商品包装物减量若干规定》	2013年2月1日	上海市人民代表大会常务委员会公告第56号	限制商品过度包装，减少包装废弃物产生，降低消费成本，合理利用资源，保护环境。	地方性法规
《上海市环境保护局关于加强本市重点行业挥发性有机物（VOCs）污染防治工作的通知》	2012年10月31日	沪环保防〔2012〕422号	有效防止本市大气复合型污染，进一步提升本市环境空气质量。	行政规范性文件

续表

政策名称	实施日期	发文字号	主要目的	法律效力
《上海市道路和公共场所清扫保洁服务管理办法》	2012年7月1日	上海市人民政府令第83号	规范本市道路和公共场所清扫保洁服务，保障清扫保洁作业人员的合法权益，促进本市环境卫生事业的发展。	地方政府规章
《上海市合流污水治理设施管理办法》	2012年2月7日	上海市人民政府令第81号	加强本市合流污水治理设施的管理，确保合流污水治理设施的完好和正常运行，保障市民、管理人员的健康和人身安全。	地方政府规章
《上海市集镇和村庄环境卫生管理暂行规定》	2012年2月7日	上海市人民政府令第81号	加强本市集镇、村庄环境卫生管理，改善农村的生产、生活环境，保障人民身体健康，促进农村经济和社会的发展。	地方政府规章
《上海海事局关于发布〈上海港船舶污染清除作业管理办法〉的通知》	2011年7月13日	沪海危防〔2011〕326号	规范船舶污染清除作业管理，有效实施船舶污染清除事故协议制度，提高上海港船舶污染事故应急防备与应急处置水平。	行政规范性文件
《上海市建筑节能条例》	2011年1月1日	上海市人民代表大会常务委员会公告第26号	加强本市建筑节能管理，降低建筑能耗，提高建筑能源利用效率。	地方性法规
《上海市城市生活垃圾收运处置管理办法》	2010年12月20日	上海市人民政府令第52号	加强对本市生活垃圾的管理，维护城市市容环境整洁，保障市民身体健康。	地方政府规章

政策名称	实施日期	发文字号	主要目的	法律效力
《上海市城镇环境卫生设施设置规定》	2010年12月20日	上海市人民政府令第52号	加强城市环境卫生设施的规划、建设，提高城市环境卫生水平，保障人民的身体健康。	地方政府规章
《上海市环城绿带管理办法》	2010年12月20日	上海市人民政府令第52号	加强本市环城绿带的管理，保护和改善生态环境。	地方政府规章
《上海市节约用水管理办法》	2010年12月20日	上海市人民政府令第52号	加强本市节约用水工作的管理。	地方政府规章
《上海市滩涂管理条例》	2010年9月17日	/	加强滩涂资源管理，合理开发利用滩涂，促进经济建设和社会发展，保障人民生命财产安全。	地方性法规
《上海市人民政府印发关于进一步加强本市生活垃圾管理若干意见的通知》	2010年3月30日	沪府发〔2010〕9号	深入贯彻落实科学发展观，促进本市经济社会、人口和资源环境全面、协调、可持续发展。	行政规范性文件
《上海海事局关于印发〈上海海事局航运公司安全与防污染监督管理办法（试行）〉的通知》	2009年11月27日	沪海安全〔2009〕657号	加强对上海海事局辖区航运活动监督管理，提高航运公司安全与交通安全，保障水域环境安全，防止船舶污染水域环境。	行政规范性文件

续表

政策名称	实施日期	发文字号	主要目的	法律效力
《上海市节约能源条例》	2009年7月1日	上海市人民代表大会常务委员会公告第12号	推动全社会节约能源，提高能源利用效率，保护和改善环境，加快建设节约型社会，促进本市经济社会全面协调可持续发展。	地方性法规
《上海市环境保护局关于发布〈上海市电力行业大气污染治理设施环境管理台账要求〉的通知》	2007年12月28日	沪环保控〔2007〕415号	进一步加强和细化本市电力行业大气污染治理设施的台账管理工作。	行政规范性文件
《上海市医疗废物处理环境污染防治规定》	2007年3月1日	上海市人民政府令第65号	防止医疗废物处理对环境造成污染，保障人体健康。	地方政府规章
《上海市实施〈中华人民共和国环境影响评价法〉办法》	2004年7月1日	上海市人民政府令第24号	实施可持续发展战略，促进本市社会、经济、环境的协调发展。	地方政府规章
《上海市扬尘污染防治管理办法》	2004年7月1日	上海市人民政府令第23号	防治扬尘污染，保护和改善大气环境质量。	地方政府规章
《上海市饮食服务业环境污染防治管理办法》	2004年1月1日	上海市人民政府令第10号	加强对本市饮食服务业环境污染防治的管理，保障公众健康。	地方政府规章

表2-2 "十三五"期间上海人民城市环境治理政策汇总表

政策名称	实施日期	发文字号	主要目的	法律效力
《上海市绿化和市容管理局、上海市发展和改革委员会关于进一步发挥价格杠杆作用促进湿垃圾（餐厨垃圾）源头减量的通知》	2020年11月25日	沪绿容规〔2020〕7号	贯彻落实习近平总书记关于制止餐饮浪费行为的重要指示，落实《上海市生活垃圾处理费征收管理条例》《上海市单位生活垃圾处理费征收管理办法》等相关规定，引导机关、团体、企业、事业单位等积极参与"光盘行动"，营造"浪费可耻，节约为荣"的社会氛围，从源头减少湿垃圾（餐厨垃圾）产生。	行政规范性文件
《上海市绿化和市容管理局关于印发〈上海市生活垃圾转运、处置设施运营监督办法〉的通知》	2020年11月20日	沪绿容规〔2020〕6号	依据《上海市生活垃圾管理条例》和有关法律法规，对《上海市生活垃圾中转处置设施运营监管办法》（现更名为《上海市生活垃圾转运、处置设施运营监管办法》）进行了修订。	行政规范性文件
《上海市生态环境局关于进一步明确本市涉一类污染物排放企业环境管理相关要求的通知》	2020年9月22日	沪环规〔2020〕6号	进一步加强本市涉一类污染物排放企业环境管理工作，深入推动全市相关企业，特别是含有电镀等金属表面处理工艺的涉一类污染物排放企业规范环境管理。	行政规范性文件
《上海市发展和改革委员会、上海市经济和信息化委员会等关于印发〈上海市关于进一步加强塑料污染治理的实施方案〉的通知》	2020年9月10日	沪发改规〔2020〕20号	根据国家发展改革委、生态环境部印发的《关于进一步加强塑料污染治理的意见》（发改环资〔2020〕80号）和国家发展改革委等九部门联合印发的《关于扎实推进塑料污染治理工作的通知》（发改环资〔2020〕1146号）相关要求。	行政规范性文件

续表

政策名称	实施日期	发文字号	主要目的	法律效力
《上海市绿化和市容管理局、上海市住房和城乡建设管理委员会、上海市交通委员会、上海市生态环境局、上海市房屋管理局、上海市城市管理行政执法局关于进一步加强建筑垃圾处置全程管理严厉打击违法违规处置行为的通知》	2020年9月10日	沪绿容〔2020〕372号	为加强建筑垃圾管理，打击违法违规处置行为，维护市容环境卫生，提高城市管理精细化水平。	行政规范性文件
《上海市生态环境局关于印发〈上海市生态环境行政处罚裁量基准规定〉的通知》	2020年9月1日	沪环规〔2020〕4号	进一步规范生态环境行政处罚行为，体现行政处罚"过罚相当"的原则，增强行政处罚裁量合理性。	行政规范性文件
《上海市排水与污水处理条例》	2020年5月1日	上海市人民代表大会常务委员会公告第29号	加强对排水与污水处理的管理，保障排水与污水处理设施安全运行，防治水污染和内涝灾害，保障公民生命、财产安全和公共安全，保护环境。	地方性法规
《上海市生态环境局关于印发〈上海市污染源自动监控设施运行的监测数据执法应用的规定〉的通知》	2019年12月1日	沪环规〔2019〕14号	继续加强对污染源自动监控设施运行的监管，规范自动监测数据的执法应用。	行政规范性文件
《上海市绿化和市容管理局关于印发〈本市生活垃圾清运工作指导意见〉的通知》	2019年8月16日	沪绿容办〔2019〕14号	全面贯彻《上海市生活垃圾管理条例》，落实城市精细化管理工作要求，主要对生活垃圾清运中的作业规范执行、车辆更新维护等方面提出了具体要求。	行政规范性文件

续表

政策名称	实施日期	发文字号	主要目的	法律效力
《上海市水务局关于印发〈农村生活污水处理设施水污染物排放标准〉的通知》	2019年7月18日	沪水务[2019]746号	进一步加强和规范本市农村生活污水治理工作。	行政规范性文件
《上海市绿化和市容管理局关于印发〈关于规范本市大件垃圾管理的若干意见〉的通知》	2019年7月1日	沪绿容规[2019]2号	规范本市大件垃圾产生投放、收集、运输、拆分处理、无害化处置等全过程管理。	行政规范性文件
《上海市生活垃圾管理条例》	2019年7月1日	上海市人民代表大会公告第11号	加强本市生活垃圾管理，改善人居环境，维护生态安全，保障城市精细化管理，促进经济社会可持续发展。	地方性法规
《上海市民政局，上海市绿化和市容管理局关于发挥本市社区治理和社会组织作用助推生活垃圾分类工作的指导意见》	2019年5月14日	沪民办发[2019]11号	落实《上海市生活垃圾管理条例》和《关于贯彻〈上海市生活垃圾管理条例〉推进全程分类体系建设社会治理的实施意见》要求，更好履行基层社会治理职责，鼓励引导本市社会组织积极参与，助推生活垃圾分类工作。	行政规范性文件
《上海市生态环境局关于印发〈上海市产业园区小微企业危险废物集中收集平台管理办法〉的通知》	2019年5月1日	沪环规[2019]4号	解决本市产业园区小微企业危险废物的收集问题，防范环境风险。	行政规范性文件
《上海市生态环境局，市住房城乡建设管理委，市交通委关于印发〈上海市扬尘在线监测数据执法应用规定〉的通知》	2019年3月15日	沪环规[2019]2号	继续加强对扬尘污染排放的监管，规范扬尘在线监测数据的执法应用。	行政规范性文件

续表

政策名称	实施日期	发文字号	主要目的	法律效力
《上海市人民政府关于印发〈上海市饮用水水源保护缓冲区管理办法〉的通知》	2019年3月1日	沪府规〔2018〕25号	为加强饮用水水源保护，规范饮用水水源保护缓冲区管理。	行政规范性文件
《上海市生态环境局、市住房城乡建设管理委、市交通委关于印发〈上海市扬尘在线监测数据执法应用规定〉的通知》	2019年2月18日	沪环规〔2019〕2号	加强对扬尘污染排放的监管，规范扬尘在线监测数据的执法应用。	行政规范性文件
《上海市人民政府办公厅关于印发贯彻〈上海市生活垃圾管理条例〉推进全程分类体系建设实施意见的通知》	2019年2月18日	沪府办发〔2019〕3号	为全面贯彻《上海市生活垃圾管理条例》，抓紧抓好垃圾分类工作，加快建成以法治为基础的上海垃圾分类管理体系，全面展现"生活垃圾分类就是新时尚"。	行政规范性文件
《上海市取水许可和水资源费征收管理实施办法》	2019年1月10日	上海市人民政府令第15号	加强水资源管理和保护，促进水资源的节约与合理开发利用。	地方政府规章
《上海市饮用水水源保护条例》	2019年1月1日	上海市人民代表大会常务委员会公告第14号	加强饮用水水源保护，提高饮用水水源水质，保证饮用水安全，保障公众身体健康和生命安全，促进经济社会全面协调可持续发展。	地方性法规

政策名称	实施日期	发文字号	主要目的	法律效力
《上海市河道管理条例》	2019年1月1日	上海市人民代表大会常务委员会公告第15号	加强河道管理，保障防汛安全，改善城乡水环境，发挥江河湖泊的综合效益。	地方性法规
《上海市大气污染防治条例》	2019年1月1日	上海市人民代表大会常务委员会公告第13号	为防治大气污染，改善本市大气环境质量，保障公众健康，促进经济社会可持续发展。	地方性法规
《上海市市容环境卫生管理条例》	2019年1月1日	上海市人民代表大会常务委员会公告第15号	为了加强市容和环境卫生管理，维护城市整洁、优美，保障市民身体健康，促进社会主义精神文明建设。	地方性法规
《上海市绿化条例》	2019年1月1日	上海市人民代表大会常务委员会公告第15号	促进本市绿化事业的发展，改善和保护生态环境。	地方性法规
《上海市绿化和市容管理局关于印发〈上海市绿化行政许可审核若干规定〉的通知》	2018年12月1日	沪绿容规〔2018〕6号	进一步推进绿化行业行政许可审核标准化工作，规范行政许可行为。	行政规范性文件

续表

政策名称	实施日期	发文字号	主要目的	法律效力
《上海市环保局、上海市发展改革委、上海市经济信息化委等关于印发〈上海市挥发性有机物深化治理工作方案（2018—2020年）〉的通知》	2018年9月11日	沪环保防〔2018〕324号	深入推进本市挥发性有机物（以下简称VOCs）治理工作，全面提升本市VOCs污染防治水平，改善城市环境空气质量。	行政规范性文件
《上海市农业委员会关于印发本市土壤污染防治行动计划（涉农部分）任务清单的通知》	2018年9月4日	沪农委〔2018〕248号	围绕本市地产农产品安全，以改善和提升耕地质量为目标，切实强化耕地土壤污染防控和综合治理。到2020年，根据农用地污染状况，完成农用地分类划定，制定相应保护方案，实施农用地分类管控，并开展耕地土壤分类监测与评价。	行政规范性文件
《上海市机关事务管理局等部门关于进一步推进本市党政机关等公共机构生活垃圾分类工作的通知》	2018年8月22日	沪机管〔2018〕98号	贯彻李强同志提出的"因地制宜、分类施策"要求，落实应勇同志"源头减量、全程分类，末端无害化处置和资源化利用"批示精神，进一步凝心聚力、提高认识，全面落实本市党政机关等公共机构生活垃圾分类工作要求，切实发挥党政机关等公共机构的示范引领作用。	行政规范性文件
《上海市原水引水管渠保护办法》	2018年5月15日	上海市人民政府令第3号	加强原水引水管渠的保护管理，确保供水安全，保证本市经济建设和人民生活需要。	地方政府规章

续表

政策名称	实施日期	发文字号	主要目的	法律效力
上海市人民政府办公厅印发《关于建立完善本市生活垃圾全程分类体系实施方案》的通知	2018年2月7日	沪府办规〔2018〕8号	深入贯彻《国家发展改革委、住房城乡建设部生活垃圾分类制度实施方案》（国办发〔2017〕26号），切实增强垃圾"减量化、资源化、无害化"水平，促进本市垃圾全程分类体系。	行政规范性文件
《上海市水文管理办法》	2018年1月4日	上海市人民政府令第62号	加强本市水文管理，规范水文工作，为开发、利用、节约、保护水资源和防灾减灾服务，促进经济社会的可持续发展。	地方政府规章
《上海市财政局、上海市地方税务局、上海市环境保护局关于本市应税大气污染物和水污染物环境保护税适用税额标准等有关问题的通知》	2018年1月1日	沪财发〔2017〕8号	切实做好贯彻落实《环境保护税法》顺利实施。	行政规范性文件
《上海市建筑垃圾处理管理规定》	2018年1月1日	上海市人民政府令第57号	加强本市建筑垃圾的管理，促进源头减量，维护城市市容环境卫生。	地方政府规章
《上海市水资源管理若干规定》	2018年1月1日	上海市人民代表大会常务委员会公告第58号	严格保护、节约、合理开发和利用水资源，充分发挥水资源的综合效益，推进生态文明建设，保障和促进本市经济和社会可持续发展。	地方性法规

续表

政策名称	实施日期	发文字号	主要目的	法律效力
《上海市环境保护局关于印发〈污染源自动监控设施备案办事指南〉的通知》	2017年12月12日	沪环保总〔2017〕428号	落实《中共中央办公厅国务院办公厅〈关于深化环境监测改革提高环境监测数据质量的意见〉的通知》（厅字〔2017〕35号）、中华人民共和国环境保护部令第19号《污染源自动监测现场监督检查办法》和《上海市环境保护局关于印发《上海市污染源自动监测建设、联网、运维和管理有关规定》的通知》（沪环规〔2017〕9号）的工作要求，进一步规范污染源自动监控设施备案工作。	行政规范性文件
《上海市环境保护局关于印发〈上海市固定污染源自动监测建设、联网、运维和管理有关规定〉的通知》	2017年7月15日	沪环规〔2017〕9号	提高上海市固定污染源自动监控管理水平。	行政规范性文件
《上海市住房和城乡建设管理委员会关于做好居住区生活垃圾分类减量工作的通知》	2017年6月23日	沪建物业联〔2017〕582号	贯彻落实《上海市促进生活垃圾分类减量办法》（上海市人民政府令14号），做好本市生活垃圾分类居住区垃圾分类减量工作，在住宅小区综合治理工作中进一步明确责任。	行政规范性文件
《上海市环境保护局关于印发〈上海市固定污染源自动监测建设、联网、运维和管理有关规定〉的通知》	2017年6月6日	沪环规〔2017〕9号	提高上海市固定污染源自动监控管理水平。	行政规范性文件
《上海市环境保护局关于印发〈上海市排污许可证管理实施细则〉的通知》	2017年4月30日	沪环规〔2017〕6号	规范本市排污许可证管理，改善环境质量。	行政规范性文件

续表

政策名称	实施日期	发文字号	主要目的	法律效力
《上海市环境保护局关于加强微生物菌剂应用环境安全管理若干事项的通知》	2017年3月1日	沪环保自〔2017〕9号	进一步加强用于环境污染治理和生态环境保护行政、强化和明确应用及环境安全管理，依法评价相关单位的主体责任，切实加强事中事后监管。	行政规范性文件
《上海市公共场所控制吸烟条例》	2017年3月1日	上海市人民代表大会常务委员会公告第47号	消除和减少烟草烟雾的危害，保障公众身体健康，创造良好的公共场所卫生环境，提高城市文明水平。	地方性法规
《市政府关于印发〈上海市土壤污染治行动计划实施方案〉的通知》	2016年12月31日	沪府发〔2016〕111号	全面贯彻落实国家《土壤污染防治行动计划》，加大土壤污染防治力度，加快改善本市土壤环境质量，保障农产品质量和人居环境安全。	行政规范性文件
《上海市机关事务管理局关于推进本市公共机构绿色办公的指导意见》	2016年11月18日	沪机管〔2016〕101号	贯彻党的十八大和十八届五中全会精神，落实《党政机关厉行节约反对浪费条例》《上海市环境保护条例》，倡导绿色办公、助推绿色发展，提高公共机构干部职工的节能环保理念，形成勤俭节约、节能环保、绿色低碳、文明健康的工作和生活方式，为全社会的绿色发展发挥积极作用。	行政规范性文件
《上海市环保局等关于进一步加强本市生活垃圾焚烧飞灰环境管理的通知》	2016年7月25日	/	进一步加强本市生活垃圾焚烧飞灰的环境管理，有效防范飞灰转移处置过程的环境风险。	行政规范性文件

续表

政策名称	实施日期	发文字号	主要目的	法律效力
《上海市环保局关于进一步加强本市危险废物产生企业环境管理工作的通知》	2016年7月12日	沪环保防〔2016〕260号	进一步加强本市危险废物产生企业的环境管理工作，防范环境风险。	行政规范性文件
《上海市环保局关于进一步加强本市危险废物处理处置环境管理的通知》	2016年6月27日	沪环保防〔2016〕231号	安全、规范处理处置本市危险废物，保障环境安全，进一步提升经营许可证单位的整体水平。	行政规范性文件
《上海市机动车清洗保洁管理暂行规定》	2016年6月21日	上海市人民政府令第42号	加强城市市容和环境卫生管理，规范本市机动车清洗保洁活动，保持机动车容貌整洁。	地方政府规章
《上海市环保局关于印发上海市固定污染源重点污染物排放量核定规则（试行）的通知》	2016年5月23日	沪环保总〔2016〕200号	进一步规范本市固定污染源重点污染物排放量申请及核定工作。	行政规范性文件
《上海市环保局等关于加强废弃剧毒化学品处置环境安全管理的通知》	2016年5月22日	沪环保防〔2016〕210号	进一步加强本市废弃剧毒化学品无害化处置各环节安全管理，确保各行政管理部门无缝衔接，消除可能存在的安全隐患。	行政规范性文件
《上海市绿化和市容管理局关于下发〈上海市餐厨垃圾自行收运管理办法〉的通知》	2016年4月29日	沪绿容〔2016〕177号	加强餐厨垃圾产生单位自行收运管理工作，规范自行收运餐厨垃圾的行为。	行政规范性文件

理念提出之后，环境治理政策具有更强的"人民性"和"城市性"特征，并且人民对于城市环境治理的参与度和主动性也得到明显增强。

相较于前一时段，这一时段有了"人民城市"理念的系统指导，环境治理政策与"人民城市"理念的结合越来越紧密，不仅继续坚定维护人民的根本利益，更是强调人民的主人翁地位，鼓励人民参与到环境治理中去，正确把握了人民与城市的辩证关系，在环境治理政策中体现了"人民性"与"城市性"的双重特征，真正彰显了"人民城市人民建，人民城市为人民"的"人民城市"理念重要内涵。

在"人民城市"理念指导下，环境治理的各项政策面向人民的需求、参与和反馈，旨在提高人民群众的幸福感、安全感和获得感。从具体的政策来看，《上海市生活垃圾管理条例》是该时段最重要的地方性法规之一，该法规聚焦与人民生活息息相关的生活垃圾管理，改善人居环境和促进城市精细化管理是该条例最重要的目的，体现了"人民性"与"城市性"的结合。《上海市民政局、上海市绿化和市容管理局关于发挥本市社区治理和社会组织作用助推生活垃圾分类工作的指导意见》等政策的提出旨在激发人民主动参与城市环境治理。《上海市排水与污水处理条例》中明确指出政策的主要目的是"保障公民生命、财产安全和公共安全"，体现了"维护人民利益"的始终一贯性。

三、"十四五"期间：人民城市理念成为环境治理政策制定的重要依据

"十四五"期间，"人民城市"理念在上海各项环境治理中得到充分的验证和发展，取得一系列重大成就，如上海杨浦滨江的华丽变身，极大地改善了人民的生产生活空间。这一时期上海市颁布和重新修订了13部地方性法规、地方政策规章和行政规范性文件。随着"人民城市"理念的广泛应用，并与碳达峰碳中和目标的结合，上海环境治理政策也发生了新的转变。不少政策均提到"践行'人民城市人民建，人民城市为人民'重要理念"，由此可见，"人民城市"重要理念已成为环境治理政策制定的重要依据之一，"人民性""城市性"与环境治理政策的结合更加紧密。

当前虽正处于"十四五"时期的开局之初，但"人民城市"理念指导下的环境治理政策层出不穷，随着《上海市生态环境违法行为举报奖励办法》和《上海市生态环境局关于印发〈上海市生态环境监测社会化服务机构管理办法〉的通知》等政策的出台进一步拓宽了人民参与城市环境治理的渠道，人民的主体性地位得到进一步的加强。坚持用"人民城市"理念指导环境治理政策制定，才能更好地把握新发展阶段，贯彻新发展理念，构建新发展格局，推动高质量发展。

表2-3 "十四五"期间上海人民城市环境治理政策汇总表

政策名称	实施日期	发文字号	主要目的和依据	法律效力
《上海市黄浦江苏州河滨水公共空间条例》	2022年1月1日	上海市人民代表大会常务委员会公告[15届]第93号	践行"人民城市人民建、人民城市为人民"重要理念,保障黄浦江、苏州河滨水公共空间的高起点规划、高标准建设、高品质开放和高水平管理,将黄浦江、苏州河沿岸地区建设成为世界级滨水区。	地方法规
《上海市人民政府关于印发〈上海市关于加快建立健全绿色低碳循环经济发展体系的实施方案〉的通知》	2021年9月29日	沪府发[2021]23号	贯彻落实党的十九大部署,统筹推进高质量发展和高水平保护,加快建立健全本市绿色低碳循环发展的经济体系。	行政规范性文件
《上海市绿色建筑管理办法》	2021年12月1日	上海市人民政府令第57号	促进绿色建筑发展,节约资源,改善人居环境,推进生态文明建设。	地方政府规章
《上海市再生资源回收管理办法》	2021年12月1日	上海市人民政府令第56号	加强再生资源的回收管理,节约资源,保护环境,维护公共秩序。	地方政府规章
《上海市环境保护条例》	2021年12月1日	上海市人民代表大会常务委员会公告[15届]第98号	保护和改善环境,防治污染,保障公众健康,推进生态文明建设,促进绿色发展,绿色生活。	地方法规

续表

政策名称	实施日期	发文字号	主要目的和依据	法律效力
《上海市生态环境局关于印发〈关于持续创新生态环保举措，精准服务经济高质量发展的若干措施〉的通知》	2021年10月10日	沪环综〔2021〕224号	深入贯彻落实习近平生态文明思想和习近平总书记系列重要讲话精神，完整、准确、全面贯彻新发展理念，人民城市人民建，人民城市为人民，在《关于在常态化疫情防控中进一步创新生态环保化举措，积极践行"人民城市"发展的若干措施》和守牢生态环境质量底线基础上，进一步加大改革力度，充分激发市场主体活力，增强企业绿色发展能力，努力提升上海城市核心竞争力和城市软实力。	行政规范性文件
《上海市生态环境局关于印发〈上海市固定污染源生态环境监督管理办法（试行）〉的通知》	2021年9月8日	沪环规〔2021〕17号	规范上海市固定污染源生态环境监督管理，探索构建以排污许可制为核心的固定污染源监管制度体系，推进生态环境治理体系现代化，提升生态环境管理效能，改善生态环境质量。	行政规范性文件
《上海市水域市容环境卫生管理规定》	2021年9月1日	上海市人民政府令第50号	加强上海市水域市容环境卫生管理，创造整洁、优美的水域市容环境，促进生态文明建设。	地方政府规章

51

续表

政策名称	实施日期	发文字号	主要目的和依据	法律效力
《关于加强本市装修垃圾、大件垃圾投放和收运管理工作的通知》	2021年7月15日	沪绿容规〔2021〕3号	建立装修垃圾、大件垃圾投放及时、收费规范的管理体系，收运方便，有利于维护城市环境卫生面貌，有利于保障广大市民切身利益。	行政规范性文件
《上海市生态环境违法行为举报奖励办法》	2021年6月5日	沪环规〔2021〕2号	为了加强对生态环境违法行为的社会监督，鼓励公众参与。	行政规范性文件
《关于印发〈上海市节能减排（应对气候变化）专项资金管理办法〉的通知》	2021年6月1日	沪发改规范〔2021〕5号	加大对上海市节能减排、低碳发展和应对气候变化的支持力度，进一步完善规范上海市节能减排（应对气候变化）专项资金的使用和管理。	行政规范性文件
《上海市海域使用管理办法》	2021年5月8日	上海市人民政府令第49号	加强海域使用管理，规范海域的合理开发利用，促进海洋经济的可持续发展，保障海域的合理开发。	地方政府规章
《上海市生态环境局关于印发〈上海市生态环境监测社会化服务机构管理办法〉的通知》	2021年2月1日	沪环规〔2020〕9号	进一步加强对生态环境监测社会化服务机构的管理，规范生态环境监测社会化服务行为，促进本市生态环境监测社会化服务市场健康、良性、有序发展。	行政规范性文件

第 三 章

"人民城市" 理念彰显"人民需求" 的现实意涵

一、人民对于自然环境优化的生态需求

（一）水体污染防治——以上海苏州河治理为例

上海城市因水而建，水污染环保问题不仅是城市生态环境的问题，也是上海老百姓最为关注的问题。"十三五"时期，上海通过全社会、全方位艰苦卓绝的共同努力，在防治黑臭河道方面，于 2017 年完成了基本消除工作，于 2018 年完成了全面消除。在实施河湖整治和推进城市生态恢复工作方面，河流环境更整洁、市貌更优美，极大地提高了城市居民普遍的幸福感。据统计资料表明，目前上海市已全面整改了总长累计约一千七百余公里的中小河流，同时完成了将近二十座污水处理厂的改造增容。城市整体废水处理能力实现了八百多万立方米/日，净增了七十万立方米/日左右，同时也实现了将近二十所污水处理厂的臭气处理设备改造，并基本达到了水泥气同治条件。上海通过多年的水环境治理探索实践，形成了一定的社会协同机制，助力水污染治理、水环境优化，提升了人民的城市生活水平与质量。

在上海的水体污染防治工作中，苏州河相对狭窄、蜿蜒穿过市区，且流经不少单位和小区，因此，苏州河的岸线整治工作不仅难度很大，而且是重中之重。自 20 世纪 90 年代开始，在苏州河沿线布有近三千多家民营企业、坐落了大批的居民简屋，甚至遍布着近二十个垃圾和粪便收集码头，加之江上船只流速过大，大量的工业废弃物、生活污泥、动物粪便、农业废弃物等直接进入河流，严重危害着苏州河整体的水体质量。90 年代后期，不良的水体环境对上海市民的日常生活造成了许多负面的影响，由此上海市正式拉开了苏州河综合整治的序幕。从阶段性的工作重点来看，上海市针对苏州河的水域治理主要分为三个阶段：第一阶段，治理工作主要侧重于污水管道的铺设和污水处理厂的修建，通过基础设施建设，使污水逐步达到排放标准。第二阶段，苏州河水域治理取得初步成效，黑臭现象得到有效消除。这一阶段的治理工作是通过闸门的巧妙设置，改变了苏州河原本的流向，从持续往返式流动变成了单向式流动，不仅加快了苏州河的水体流速而且加强了水域本身的自净能力。第三阶段，治理工程的工作重点是大规模清理长期沉积在苏州河底的淤泥，进一步提高河流的清澈程度。上海具备独特的水域特征，形成发源于太湖的苏州河水系，横穿上海中心与黄浦江相交汇。苏州河也因此在纵横交错之中，与上海两万多条河流相交织，它们之间的水质情况有着千丝万缕的关系。所以苏州河的整治工程不仅实现了自身的完美蜕变，还带动了上海其他河道流域的整治工作。

在苏州河沿线的公共空间设计整治中，上海根据"以民众为主要中心，重视公共空间开发，提高认同感，优化公共服务，实施精细化管理工作，营建独特景观亮点"的思路，统一协调上海市绿化市容局、市"一江一河"办公室、市住建委等有关单位，联合实施对苏州河公共空间设计的市容环境治理和升级整治。总体上，以苏州河公共岸线为中轴线，围绕五大工程，十八项任务开展规划，将城市特色文化与河域风景相结合，着力凸显了苏州河各个河段不同的流域风情。比如：在东段苏州河入海口凭借历史建筑价值，打造休闲景观长廊，赋能苏州河的典雅气质；在内环线中段，环绕美丽的滨水区，营造沿岸宜居的主题；在外环线西段，以棕地改造扩建场地，打造亲水平台，优化市民活动范围，持续增强生态城市的活力。

综上，上海苏州河的治理工作不仅对水体环境质量提出了更高要求，而且还要注重沿岸的生活、生态、景观空间的升级改造，打造一个优美、干净、整洁、舒适的水域环境。"人民城市人民建，人民城市为人民"。奔流不息的苏州河见证着上海这座城市的发展历程，体现了上海的建设发展水平。美丽的苏州河及其水上环境，也诉说着上海水域内环境污染整治工作开展的点点滴滴，紧紧围绕着民众对美好生活的需求，在长久的努力摸索中着力增强民众获得感、幸福感、安全感。

（二）大气污染防治——以上海老港填埋场异味治理为例

大气污染治理是生态环境治理的重点方向，实现"五个人人"目标，大气污染治理是不可或缺的基本要素，大气污染治理工作的成效直接关系着人民的生活水平以及人民城市的建设质量。空气质量指数的提升是人民群众对于生态环境的切实需求，由此上海以"为民办实事"为出发点，全面落实大气污染防治专项攻坚，保障人民群众的幸福感。

上海市老港固废基地，是上海市城市垃圾回收体系和末端处置系统的主要场所，是目前亚洲规模最大的垃圾填埋场，基地承担了上海70%的日常垃圾处置能力，日均处理一万余吨。老港基地已运行三十多年，已处置各种废物近一亿吨。基地面积达到了15平方千米，是目前全国最大的以生活垃圾处理为主的综合处理基地。

从1985年开始，老港垃圾填埋场承担了全市约90%生活垃圾的处置任务，而垃圾集中填埋降解需要一段过程，所以积压的垃圾在一段时间内会越来越多。早期的生活垃圾处置方式，主要是以填埋为主，作业、技术、管理等制度都相对较单一落后。即使将填埋场的废弃物回填、堆放之后，也在其表层覆盖上了一层PV薄膜，再洒上除臭水，进行最基本的去污除臭处理。但是，夏天天气炎热，大量垃圾的臭味还是无法掩盖，臭气覆盖了老港、惠南等周边地区，让附近居民苦不堪言。

从《上海市生活垃圾管理条例》于2019年7月1日施行开始，上海市的全程管理体系建设有序加快实施。自2019年9月9日起，上海老港综合填埋场终止了传统的原生生活废弃物填埋服务，只保留了应急处理能力，开始正式实行原生废弃物零填埋。由此，场区异味改善，渗沥水产生率将大幅下降。过去，人们在老港及其周围地区都能闻到空气中的臭味。但现在，这个现象已经开始得到改善，这主要得益于生活垃圾填埋数量的明显下降。而且垃圾分类的普遍推行以及对生活垃圾处置方法的改进，不但改善了空气质量，同时也有效降低了渗滤液的产生量。

为很好地解决老港臭味对附近市民产生的干扰，上海老港生态环境保护基地特别成立了"人民建议征集联系点",听取百姓群众意见,解决长期无法解决的臭味干扰难题。通过一年来标本兼治的数项措施,氢硫基等重点异味项目同比增幅降低了百分之二十,附近社区投诉率减少百分之八十,初步达到根除臭味污染的效果。主要具体举措如下:第一,现场填埋强化管控。工作人员严格把控作业区面积,尽量减少裸露区域,规定每个作业平台面积不得大于八百平米。填埋表面必须用双膜包覆,加厚或加大覆膜规格,以最大程度降低异味风险。第二,药物喷射增强中和。针对不同季节和作用时间,在装载、揭膜等操作时使用生物液除臭剂,散装港口和填埋场进行除臭风炮、水幕喷淋试验,结合应急情况使用移动风炮循环喷射除臭剂,以增强异味中和效应。第三,气体收集削减总量。在填埋区设置了抽气泵,再结合覆膜工艺,将产生的气体通过输管直接进入沼气厂发电,目前总处理削减量每天已达到了 50 万立方米。第四,全方位监控减少疏漏。基地通过外围六个、核心地带四个空气监测站,全方位监控异味含量。基地监督人员定期巡逻,24 小时值班进行安全实时监督,并利用无人机定期查看填埋场全貌。另外,老港基地的研究人员在高温期间,利用移动式环境监测仪在小区蹲点观测,以研究分析臭味含量及其原因。同时邀请了市民代表来到基地参观,亲身体验基地内异味处理的现状,在基地深入作业车间,察看了场区现场作业,并参观了资源化、再利用等的先进工艺技术,进一步提高了基地工作的透明度。

昔日的老港是又臭又脏的废物场,如今老港基地做到了高质量计划、高水平施工、高品质经营,"臭气熏天"的现象得到了明显改善。老港逐步彻底改变了人们对生活废物处理场的刻板形象,实现了从"垃圾填埋"到"生态花园"的完美转型。

（三）土壤污染防治——以上海桃浦工业区场地治理为例

长期以来，在城市化发展转型的进程中，基础设施建设、工业场地的大规模铺开，使得建设用地需求大幅度增长，建设场地的土壤和地下水污染问题凸显。做好土壤污染防治工作的关键在于先研判土壤性质，然后采取必要措施管控城市用地的二次污染。自从全国各地的土地污染问题暴发后，土壤污染防治工作再次得到了国内各级部门的响应和落实。

2018年8月国家颁布《土壤污染防治法》，明确了当前对土壤污染防控的基本规则，即风险控制。这和对水体、大气、土壤固废的污染物防控，有着本质上的差异。从环境主要污染源链条环节分析，土壤环境污染的风险控制重点主要涉及对环境污染源的管理、隔断污染物暴露途径、对受体人群的控制。近年来，上海市及各区政府出台了辖区土壤环境污染防控行动计划方案，建立健全了土壤环境污染防控工作制度，并严格执行了国家和市土壤环境污染防控工作规定，进一步细化了土壤环境污染防控的有关管理制度，从多渠道多方面宣传了土壤环境污染防控工作，扎实推动了辖区土壤环境污染防控工作，有效维护了各辖区城乡建设用地和农用地的生态环境安全。目前，上海已经做到了运用全新思路去处理老旧工业区的污染问题，形成了一套独特且符合实际情况的经验模式。

以位于上海市中心地区的桃浦工业园为例，自20世纪50年代起就积聚了大批的工业生产企业，包括化学、制药、印染、电镀、农药、危化仓储以及一些重化污染企业等,直到 20 世纪 80 年代,桃浦工业园的环境污染问题已经时有发生,是上海市的重点排污区域。2013 年开始,该区域被列为上海市重点区域整体转型发展地区,将桃浦工业区重新定义为"桃浦科技智慧城",引入如文化休闲、节能环保等多种业态,实现由"制造"到"智造"的转型。

上海有关部门通过多次考察,综合分析了环境与地下水的环境污染危险性、城市建设用地功能、区域环境要求和土地开发进度等诸多因素,经过专家论证后制定了"危机控制,分级施策"的环境治理修复对策。这一战略首先根据区域环境评价报告,因地制宜,对症下药,对"桃浦科技智慧城"的建设土地功能进行了再次调整和优化,在城市空间布局中将部分高风险区域调整为城市景观类、市政配套基础设施类和商贸金融服务类区域。然后,考虑到建筑用地的不同功能定位,分类别选择针对性治理方案,如对新建设的停车场、主题公园等设立风险管理的参考指标,尽量合理利用每一寸土地,并且将土地的原生态保护层修复完好。对规划的学校校园、住宅等环境敏感型用地,实施空气污染物的治理。最后,政府针对经异位处理的污染土壤实行"区域土方平衡、就地消纳利用"的措施,经处理合格后进行资源化利用和安全再使用。桃浦工业区场地的土壤污染治理实践成效为人民群众的日常生活带来了安全保障,可谓利国利民。

(四)固废污染防治——以上海城市生活垃圾"两网融合"机制构建为例

城市的运转和城市居民的日常生活都会产生大量的垃圾,而且产生量不断增加，由此引发的垃圾围城问题制约着城市的可持续性发展。20 世纪 90 年代以前，我国对于生活垃圾的末端无害化处理的重视度并不高。随着居民生活条件的日益改善，生活垃圾产生量随之增多，政府开始重视生活垃圾的末端处理问题。上海市作为中国最大的国际化大都市，也面临着城市生活垃圾的处理难题。此前，上海市政府虽然高度重视城市生活垃圾管理，出台多个指导性文件，并实施一系列的试点实践，但在城市生活垃圾收运与处置上依然存在着一些问题。例如：垃圾分类效果不理想，再生利用率低，末端处置困难等。对此，上海市充分意识到垃圾治理必须"破解难题、补上短板"。2016 年，上海市生活垃圾"两网融合"试点被列为市委改革督察重点任务之一。"两网融合"作为促进城市中生活垃圾减量、分类、资源化的关键举措，是进一步优化民生环境、打破垃圾围城的有效途径。

根据当时上海市存在的劳动力投入大、场地供给紧缺、废弃物收运处置方法多样等现象，若补足资金流、畅通物流、统一监管，不但可以减少上海市的生活垃圾产生量，而且可以大大提高再生资源回收率，带来良好的效益。

上海市"两网融合"的工作重点主要在于四个重构：一是系统重构，对分类投放、分类收集、分类运输、分类处置等环节进行重构，统筹规划网络布局，推动形成垃圾清运和再生资源回收的统一体系。由市场配置回收高价值废弃物，对低价值可回收物进行相应的补偿和激励；二是组织重构，重新界定各个部门、层级间的管理分工，建立"市—区—街镇—社区"四级管理体系，进一步推进政府、市场、社会组织和公众协同的运作模式；三是考评重构，把"两网协同"指标作为对各政府部门、街道、社区工作的综合考核，并建立健全相应社会责任管理体系和考核制度，进一步研究并完善奖励激励机制；四是传播重构，指综合利用广播电视、报刊等传统文化新闻媒体和互联网、自媒体等新型传统媒体，多部门联合策划宣传活动，创新传播方式。

由此，上海积极深入推进"两网融合"体制机制工作，提高再生资源回收率。以浦东新区为例，为切实推动生活源再生资源的循环使用，并推动生活废弃物源头减量，浦东新区着力推进两网融合，逐步建立规范的站内操作制度和完整的运输体系，打造衔接顺畅的全程分类体系。截至 2019 年，浦东新区累计建成 3979 个两网融合服务点（每个居住区设置了 1 个及以上服务点）、40 座两网融合中转站，2 座集散场，其中康桥镇两网融合集散场占地 7912 平方米，日处理能力可达 300 吨/日；航头镇两网融合集散场占地 7300 平方米，日处理能力可达 250 吨/日。集散场由金桥阿拉环保再生资源负责运营，负责对再生资源进行分类、分拣和打包等工序，待积累一定量后进入相应末端资源化处置场。通过规模化运作，与多家资源处置企业建立了长期的合作关系。同时建设了智能监控系统并接入市级再生资源回收平台，实现回收数据的可追溯。

上海市作为全国首个实行垃圾分类的城市，率先进行生态文明体制、机制改革，引导全国生态文明建设工作，为其他城市提供示范效应。"两网融合"体系的建立是实现城市生活垃圾减量的有效途径，关乎上海的都市面貌、民众生活品质，是把上海构建成"世界大都市"的重要一环，是贯彻国家生态文明发展战略的重中之重。因此，上海城市生活垃圾"两网融合"体系的构建实践正是迎合了人民群众对于垃圾分类精细化管理的需求，有效改善居民垃圾分类投放环境，提高了居民主动分类的积极性。

二、人民对于生活环境改善的社会需求

（一）基础设施优化：上海"超市化"菜场革命，引领菜市场规范化数字化

　　传统的菜市场在人们的印象中往往与脏乱差相挂钩，被贴上了阴暗逼仄、臭气熏天的标签。城市中菜市场项目的建设是关乎民生的一项基础设施工程，与此同时，武汉疫情的暴发源头也为菜市场的环境整治敲响了警钟。"菜场革命"不仅有利于卫生防疫和疾病控制，还能缩减蔬菜中间流通环节、利农利民，同时优化城市环境、提升了百姓的幸福感。改善菜市场的卫生环境，需从转变经营模式着手，遵循"政府指导、企业为主"的宗旨，从根本上提升菜市场的运行效率，使其具备改善卫生环境的动力与能力。城市有必要全面改革城市菜市场的管理模式，从散户经营走向龙头企业主导的集团化经营。当然，菜场的进步并不仅仅停留在完善基础设施上面，还有与现代互联网技术的结合，在城市中打造"超市化"菜市场，同时提升菜市场的数字化和智慧化程度。近年来，快捷化、便民化的"超市化"菜场转型趋势以及"盒马鲜生""叮咚买菜"等购菜平台的兴起，为人们的日常生活带来了诸多便利。事实上，一场"菜场革命"已经在上海的各个菜市场渐渐拉开帷幕，通过利用现代互联网等科技工具，进行艺术与空间的完美融合，改变传统菜市场的经营方式，让它更适应现

代都市的建设规模，形成所在街区甚至整座都市的新地标，从而改善购买体验，并以此吸引更多年轻消费者。

从时间维度上来看，上海市政府在 1995 年就着手对菜市场进行改革。1999 年，上海市政府将露天菜场、街边摊贩作为首批改造对象，开展了一系列整改。2006 年，上海市正式提出全市菜场的标准化改造与管理。2016 年，上海市政府投入改造成本，以经济补贴的形式，进一步推动了菜场革命。数据显示，按照示范性菜市场标准化工程建设指引的有关规定，围绕"统一结算""电子标签""追溯完备"等具体要求，截至 2020 年上海示范性的智慧农贸市场现代化改造项目已基本完成了一半，上海"菜场革命"具体举措主要总结如下：

上海推进标准化菜场建设，鼓励菜市场从散户经营走向集团化经营。当前大多城市菜市场经营的主流模式是商家划出一片地方，小租户交租金进入，经营者收租金（即摊位费），负责菜场的卫生保洁工作。但这种模式的问题在于，商户混杂，维持环境卫生的意识淡漠；出租摊位的商家实际上也属于中小微企业，缺乏现代化的管理能力和社会责任意识。而标准化和集团化经营则有助于解决上述问题；也只有在集团化经营的前提下，标准化菜市场才有可能具有价格的竞争力。这是由于，大型农业集团不仅拥有通畅的进货渠道、中间成本大大降低，能让居民买上物美价廉和品种丰富的食品；同时还具有现代化的企业经营管理能力和良好的社会责任意识。这类公司可以按照经营一家优秀企业的模式对菜场进行系统化的管理。

上海引入优秀龙头企业作为示范，科学规划、多元投资、加快建设。在我国，龙头超市出售生鲜产品的模式已经相当成功。永辉大型超市是中国本土最早把生鲜商品引进现代大型超市的物流公司之一，被国家七部委誉为国内"农改超"推进的样板。上海政府主管部门充分分析成功企业的相关经验，将其推广，并着力引入优秀龙头企业进入菜市场行业，逐渐形成生态，自然取代目前散乱经营的菜市场。尤为重要的是，在部署上述措施之前，形成了清晰、合理的规划，在引入投资时，也开阔思路，以市场化的思路推进了菜市场的改革。

上海提升净菜上市率，"互联网+"模式实现菜市场现代化智慧化经营。推动净菜上市是从源头上减少菜场垃圾的根本举措之一。上海市监管部门积极引导经营菜市场的商户做好预处理，尽量减少包装物和湿垃圾等废弃物的流出。智能化程度的提升也十分重要。网络生鲜的出现，使人们看到了菜市场的另一种可能性——干净、卫生，产品品类丰富、用户体验好。究其原因，除了重视环境的打造，"互联网+"的引入也是重要的因素，用户可以实现网上下单、等菜上门，还可以现场定制、现买现吃。近年来，一大批类似的生鲜超市崛起，已经成为市场的新星。

上海提升监管协同度和颗粒度，实现真正的精细化管理。针对菜市场监管"九龙治水"的痼疾，上海市政府"一把手"给予高度重视、充分协调，将其作为民生大事看待；同时，在监管的过程中加强与疾控防疫的互动。此外，监管应真正提升精细化管理水平，推进"互联网+"等措施实现精细监管，比如安装空气质量监测仪进行菜场环境的实时监测；智能秤和电子显示屏的普及与推广；食品追溯信息实时共享给消费者，并且上传至菜场管理办公室的后台系统，进行统一管理。

上海将菜市场建设纳入城市规划，进一步开发其文创和旅游价值，提升菜市场的附加值。上海市尝试挖掘部分现代化、地标性的菜市场，通过媒体的积极宣传，可以在全国起到典范带头效应。例如，上海的真如高陵市场，转型后的高陵集市打造以菜场为核心，实现了"菜场+商业配套+社区邻里中心"的新生活模式，大大方便了附近居民的生活。高陵集市既保留了传统菜场功能，又增添了许多设计感，占地面积 5000 平方米，功能区域划分清晰明确，销售种类一应俱全，充分彰显人性化与时尚化。当然，目前在一些改造相对成功的菜市场案例中，我们可以清楚地看到通过搭建智慧化菜市场平台能够实现艺术和空间的现代化融合，消费者下沉至年轻群体。然而要维持菜市场长期健康的运营，不可忽视老百姓的日常生活需求，亦不可抹杀掉菜市场独特的烟火气。这就需要持续依靠温暖的市场秩序规则、实惠合理的菜价、安全健康的菜品等一系列重要因素。

（二）文娱空间更新：杨浦的"城市秀带"建设，折射上海生态人文化建设

上海杨浦滨临黄浦江水域，拥有长达 15.5 公里的江岸线。过去，杨树浦凭借优越的航运条件、低廉的用地价格以及标准的生产用水条件，吸引着中外客商接踵而至，纷纷在这里投资建厂。至 19 世纪末，上海杨树浦一片就已形成了工业园，堪称上海地区乃至整个我国近代制造业的重要发源地，构成了我国近代以来最大的制造业基地，并创下了我国制造业历史上的许多个第一。始建于 19 世纪至 20 世纪初的上海市机械制造局、杨树浦水厂等三百余家机械制造业老厂，共同见证了上海市近代制造业的腾飞。

改革开放以来我国社会经济进一步发展，区域间产业分工协作水平不断提升，全国迎来了城市更新的运动热潮，在此背景下，杨浦滨江地区的工厂慢慢退出了历史舞台。2010 年上海"世博会"揭开了上海黄浦江岸线功能转变的帷幕，加速了上海进一步提升城市发展品位的进程，用更为舒心宜居的城市空间回馈了广大人民群众的美好期待。2017 年 12 月，在上海市委市政府的重要部署和沿岸各单位持续不断地共同努力下，杨浦滨江作为上海滨水空间的主要部分，于 2019 年开启了"上海城市空间艺术季"，在其南段建设 5.5 千米滨水公共空间（从秦皇岛路至定海路）贯通开放，改造后的艺术空间从旧厂房的荒芜中破茧而出。2019 年 11 月 2 日，在这片目睹着上海市百余年制造业发展历史的老工业区，习近平总书记看到了上海市黄浦江岸线转型工作的发展状况，并赞叹上海市昔日的"工业生产锈带"已经成为"生活秀带"，随后作出"人民城市为人民，人民城市人民建"的重要指示。近年来，上海市杨浦滨江地区改造经验总结如下：

一是重现风貌。在重视历史文化发展价值的基础上，杨浦滨江保存了大量丰富的现代工业遗存，并严格进行了保护性建设。同时根据现代化特色结合"国际创新带、活力新滨江"的新理念，设计了工业历史文化特色景观，深入挖掘杨浦滨江区域"百年工业传统"的当代文化特征，展现"全球顶级滨水空间"的气质内涵。如果漫步在杨浦河边的栈道上，就能看见著名的杨树浦水厂。杨浦滨江坚持高起点的规划，高标准的建设，高水平的管理，把最好的资源留给人民，以公园中的城市和城市中的公园为理念进行科学、全面的打造。

二是重塑功能。公共空间除了好看还要好用，要非常人性化，让老百姓在这里能体会到亲近感、温度感。所以，通过合理改造与设计，杨浦滨江以体现上海百年工业历史的人文空间、现代科技和低碳融合的自然空间、群众需求的文化活动空间、商旅文体互动的综合空间为基础，开展了一系列工业遗存改造设计工作。比如：始建于1938年的上海东方渔人码头，在保留主体框架的同时，被打造成汇聚了餐饮场景、零售购物、娱乐文化等多功能一站式商业天地。设计师们运用低洼地势，改造了若干个雨水园区，并因地制宜地运用了降雨调蓄功能和海绵城市设计，有效调节了城市水文微气候，借鉴"一米高度看城市"的视角，打造儿童友好的公共空间示范区。滨江每八百米就有一个党群服务驿站，满足市民休憩、喝水、测血压等需求，从各个细节之处凸显出了城市的智慧化、生态性、人文性。

三是重赋价值。围绕"让街道宜漫步""让房屋可阅读""让都市有温度"等价值宗旨，扎实补齐基础建设缺口，打造出"走得进、待得住、留得下"的美好街道；"像看待长者那样尊敬和善待都市中的老楼房"；聚焦于"老、小、旧、远"等民生问题，着力打造"以人民为中心"的集文化传承、公共娱乐、休养生息等功能的"城市秀带"。

（三）城市服务升级：上海的"一网通治"建设，凸显现代化公共服务水平

在城市治理提质升级的进程中，政府公共服务"一网通办"和城市运行"一网统管"成为城市治理中不可分割的重要环节，上海全面深化"一网通办"改革三年多来，改革成效明显。其中上海首创政府的公共服务品牌——"一网通办"，服务能力和水平位居全国

第一，"一网通办"这一政务服务品牌已帮助政府落实 357 项改革举措，接入"一网通办"所服务的各类事务共计 3197 件，总办件量达1.5 亿。"一网通办"这一平台的实名登记个人用户已超 5401 万，而中小企业个人用户也高达 227 万。在数量创新高的同时效率也在不断提升，办理业务平均时间大幅降低，在群众和企业中好评率高达99%。随着"一网通办"改革的纵深推进，目前上海的城市服务已经完成了由技术推动向机制推进的转变，由行政公共服务向政府管理和便民服务的转变，由政府部门服务为核心向以用户为核心的转变。

其中，以上海徐汇区为例，两张网的整合有效促进了各段网的交叉整合，逐步形成了条块联通、政社互动的"大格局"，成功打造了徐汇区以"一网通办"探索"两张网"的完美典范。其中，"汇商码"就是这场改革的重大成果之一。2021 年开始，上海徐汇区政府开始推出"汇商码"，它可以被认为是小店版的"随申码"，功能更加多元，集店铺登记许可、商业评估、市场监管检测、消费评估等多功能于一身，不仅维护市民权益，而且可以给商户和政府相关部门的工作带来极大的便利。在"汇商码"的广泛推行下，商户可以在线维护自家经营牌照等基本信息，而消费者也可以通过"汇商码"对商户进行客观中正的评价，如若对某个商户的服务出现异议，还可以在线投诉举报。

"汇商码"的应用体现了两网融合为城市生活带来极大的便利，在城市治理过程中，很多场景既需要政务服务的数据支撑，也需要城市运行的相关数据作为支撑。因此，如果把"一网通办"和"一网统管"这两张网融合起来，一定能发挥城市的最大治理效能。徐汇区在探索两张网更深层次、更宽领域的结合道路上仍在不断努力，形成了清晰的"一梁四柱"架构："一梁"是指区级层次统一的城运网络平台，"四柱"是指大平安、大建管、大服务、大生活四个城市管理方面的深化应用。在 2021 年的防汛防台活动中，将这种"铁三角"的信息系统运用在实际环境中已经卓有成效，基于气象部门反馈的预警信息，再加上相关人员的研究，系统提前预测出了立交、居民小区等易积水场所的位置划分，准确性达到了90%以上。

2022 年 1 月，上海地区出台了《2022 年上海市全面深化"一网通办"改革工作要点》，明确 2022 年是"一网通办"的使用者服务体验年，从用户角度全方位提升线上线下服务经验，加速构建"一网通办"的全方位服务体系。而两网建设也一直在路上，未来的走向就是"一网通治"。两网建设不仅反映着在信息技术层面的迭代创新，对于政务服务来说，也是一次翻天覆地的变革。通过深入消除政府部门信息系统中不畅通的工作顽疾，进一步提升政府工作效率，提高服务质量，逐步建立跨部门、跨层次、跨地域的"三跨"政府服务运行系统，在不断满足人民群众需求的基础上充分践行"人民城市"理念的现实内涵。

第 四 章

激发人民的主人翁意识，强化城市环境治理内核

一、加强环境保护宣传教育，提高人民知晓性

人民意识的觉醒是人民参与环境治理、发挥主体性作用的基本前提，因此，首先要提高人民参与城市环境治理的积极性，重视环境保护宣传教育的重要作用。同时，加强环境保护宣传教育还能够提升人民的环保素养，使保护环境成为社会共识，形成人人参与环境治理的良好态势，从而有利于提高城市环境治理能力和城市环境治理水平。

一是要加强环境保护教育。环境保护教育能够最直接、最有效地传递环保理念，提升人民的环保素养，是提高人民参与城市环境治理积极性的最重要手段。环境保护教育的对象不仅仅是学生，而是全体人民，要切实推动环境保护教育进学校、进家庭、进社区、进工厂、进机关，做好环境保护的全民普及教育。环境保护教育需要政府、企业、学校、社会、人民等多方面的配合和支持，形成多方面的合力，这本身也是现代环境治理体系的内在表现。人民只有认识到自身在环境治理中的价值与责任，才能积极主动地投身于治理工作中。

二是要加强环境公益宣传。环境公益宣传作为传递环保理念、提

升环保素养的有效手段，是对环境保护教育的重要补充，能够在潜移默化中提高人民参与城市环境治理的积极性。一方面，可以利用网络媒体、电视广播等线上渠道，借助其传播广、易获得的独特优势，持续、不间断地循环播放环境公益广告，不断强化人民保护生态环境、参与环境治理的主动性；另一方面，可以在学校、社区、商超、地铁站、公交站台等人流密集的线下渠道，张贴环境公益的相关宣传广告或标语，将环境公益宣传融入人民的日常生活中。通过线上渠道与线下渠道的结合，努力做到让保护生态环境、参与环境治理的意识和理念为人民所接受。

三是要引导全民积极践行环保行为。城市环境治理的多维度体系，离不开人民自觉的环境保护行为。积极践行绿色生产生活方式不仅是新时代公民道德建设的一个重要内容，更是城市环境治理的题中应有之义。《公民生态环境行为规范（试行）》从关注生态环境、践行绿色消费、参加环保实践等十方面内容，为规范环境行为提供了生活、学习、出行、消费等方面的指导，因此，应以《公民生态环境行为规范（试行）》为准则，引导公民自觉承担环境保护责任，逐步转变落后的生活风俗习惯，积极开展垃圾分类，践行绿色生活方式，倡导绿色出行、绿色消费。

二、打出激励与问责组合拳，调动人民积极性

在现代城市环境治理的过程中，必须充分运用好"大棒+胡萝卜"的激励惩罚措施，问责与激励并重，打出"正负配合"组合拳。

一方面，要建立完善的城市环境治理激励措施，提高群众的积极性，另一方面，要落实严格的城市环境治理惩罚措施，严厉打击环境治理问题主体。只有同时兼顾激励与问责，才能够充分调动群众参与的积极性，打击影响环境治理的负面行为，形成长效的城市环境治理的现代化体系。

城市环境治理激励措施是通过市场手段强化环保行为的"胡萝卜"。首先，应拓展环保系统的晋升渠道，建立"激励相容机制"，使得环保工作人员的个人利益和集体利益达成一致，从而保障环保工作人员的工作产出、增强环保工作人员的工作认同。其次，适时采用表彰大会、先进单位和个人评选、最佳实践评选等方式，对优秀环保工作给予肯定，并向全社会广泛宣传，增强地方环保工作人员，特别是基层工作人员的荣誉感。最后，还需要对参与环境治理、进行环境监督、落实环保行为的公民给予一定的物质奖励，回报其环境友好行为，从而形成人民参与环境治理的长效机制。

城市环境治理惩罚措施是通过行政命令管住污染行为的"大棒"。要坚持"顶格问责"与"量化问责"相结合的原则，针对出现环境违法违规行为的党政干部、社会企业及其他主体，严格落实问责制度，并严肃处理环境违法违规行为，及时纠正不良作风，共同维护生态环境安全和城市环境治理成果。同时，还需要积极与组织、纪检部门配合，增强城市环境治理问责制度执行的高效性，保证环保量化问责制度得到落实，并且要善于借司法部门之力，增强城市环境治理问责制度执行的严肃性。另外，问责制度还需要注意精准化，精准锁定问责主体，避免问责泛化而导致的人民参与城市环境治理的积极性下降。

三、拓宽环境治理沟通渠道，提升人民参与性

有效的环境治理参与渠道是人民参与城市环境治理的最基本保障，因此，要不断拓宽人民参与环境治理的渠道，保障人民对于城市环境治理的表达权，完善多维度的城市环境治理体系。进入新时代，随着信息技术的发展，人民参与环境治理的渠道也越来越多样，应重点把握和拓宽人民喜闻乐见的参与渠道。

一是要拓宽政府与人民沟通交流的渠道。要在城市环境治理过程中，强化人民对于环境信息的沟通与表达，既要保证政府及时了解人民对城市环境的现实需求，也要让人民了解政府在环境整治方面的工作和环境保护的成效，强化政府与人民的双向信息沟通，切实提高城市环境治理工作中的人民感受度、满意度和获得感。

二是要通过专家咨询、座谈会、听证会等方式征询群众意见。针对城市环境治理工作中人民关注的热点、难点问题和一些重要事项，在进行决策前，采取专家咨询、座谈会、听证会等方式，开展深入调研，认真听取人民提出的意见、建议，采纳合理可行的建议，进行总结并反馈结果给人民，切实提高和扩大人民的知情权、参与权、选择权和监督权。

三是要建立多样化的环境治理媒体问政制度。进入新时代，媒体问政的形式越来越多样化，报纸问政、广播问政、电视问政、网络问政、微信问政等形式层出不穷。对于城市环境治理工作，也应建立多样化的媒体问政制度，充分利用媒体渠道，一方面曝光城市环境治理

问题；另一方面曝光环保工作人员作风问题，促进工作人员转变工作作风，探求城市环境治理长效治本的办法，实现人民的有效监督。同时，纪检部门要积极跟进曝光问题处理，做到"问政重在问责"，不让媒体问政沦为新的形式主义，达到人民的真正期盼。

四是要设立专门的城市环境治理热线受理平台。针对城市环境治理工作，应设立专门的热线受理平台，专门用于人民群众进行关于城市环境治理的民意反馈。电话热线作为人民最容易获得，也是最容易使用的参与方式，能够帮助政府充分了解到目前城市环境治理工作中的不足和问题，便于及时调整城市环境治理工作的方向。

四、鼓励人民参与环境立法，体现治理民意性

人民参与立法是立法的力量源泉，是地方立法内容合理合法具备民意权威的本质要求，是地方立法的生命所在，具有重要的意义。鼓励人民群众参与环境立法，有利于把握环境立法工作的正确方向、有利于提高环境立法的质量、有利于增强公众对环境法治的信心。因此，为了践行"人民城市人民建，人民城市为人民"的重要理念，提高城市环境治理水平，必须提高人民群众参与环境立法的主动性和积极性。

一是要充分发挥人大代表的作用。人大代表在环境立法的工作中扮演着极其重要的角色，人大代表参与环境立法工作是人大代表行使职权的体现，是民主政治的体现，同时是联系群众的价值体现，是发挥人大在环境立法中主导作用的一个重要举措。人大代表能够将人民

群众关于城市环境治理工作的意见和期盼充分反映到人民代表大会中，从而能够影响环境立法工作的开展，使立法过程充分体现民意。

二是环境立法工作要充分听取基层和一线的声音。环境立法工作绝不能"闭门造法"，要使制定的法规更加符合民意，不仅要"请进来"，立法工作者还必须"走出去"，深入基层和一线调查研究。每项立法自始至终都要深入实际、深入群众，全面深入地了解本地实际情况、了解人民群众关心的热点、难点问题，通过调查研究掌握第一手的鲜活材料，使立法工作有的放矢，客观、真实地反映现实需要，符合当地的实际情况，符合民意，真正实现以人为本、立法为民的目的。

三是环境立法工作要全程宣传，增强立法的透明度。借助现代传媒以及传统方法，对环境立法进程进行全程宣传，使人民群众和社会各界充分了解立法的全过程，并为社会公众搭建快捷的互动参与平台，增强群众的知晓率和参与度。广泛的宣传不仅能够调动人民参与环境立法工作的积极性、保障人民群众的监督权，而且能够增强人民群众对环境立法的理解，从而更好地有利于环境法律法规的推行和实施。

第 五 章

保障人民参与环境监督，提升
城市治理效能

一、完善人民参与环境监督的法律体系

人民城市的环境治理监督与制度保障息息相关，这首先是人民城市和制度保障各自的重要性决定的。习近平总书记在上海考察时指出的"人民城市"理念在城市环境治理中彰显出"以人民为中心"的发展思想。完备的城市环境治理法律规范体系、监督体系以及保障体系是"人民城市"理念指导下推进环境治理现代化的重要环节，在环境治理过程中人民从不能参与城市环境治理监督、不敢进行城市环境治理监督，到成为城市环境治理监督中的一员，法律法规、行政政策以及制度保障至关重要。

（一）人民参与城市环境监督的法治保障

党和政府将人民群众监督、检举等理念纳入环境治理管理制度建设最早体现在 1978 年国务院出台的《环境保护工作汇报要点》（以

下简称《要点》）中，提出"要广泛宣传环境保护工作的内容，使群众都知道环境保护工作的重要性，污染的危害性。人民群众、人民团体、街道组织有权对企业排放有害物质和造成的公害进行监督和检举。工矿企业要建立与周围居民、团体、人民公社定期联系的制度，倾听批评，采取措施，消除污染，改善环境。要认真处理人民群众的来信来访"。

《要点》第一次提出了人民参与城市环境治理监督的权利，为以"人民"为主体的"人民城市"城市环境治理指明了方向。

2007 年国家环境保护总局发布《环境信息公开办法（试行）》，要求"环保部门应当将主动公开的政府环境信息，通过政府网站、公报、新闻发布会以及报刊、广播、电视等便于公众知晓的方式公开"，"鼓励企业自愿公开"有关环境信息，并强制部分企业及时、准确地公开环境信息。

自此人民群众更多地参与、融入到城市环境治理的进程中，通过社交网络、新媒体平台和信息曝光等多种渠道来表达自身环境利益诉求。人民参与环境监督监管案例逐步增加，参与程度进一步加深。

党的十八大报告提出需要"保障人民知情权、参与权、表达权、监督权"，并且指出"是权力正确运行的重要保证"。同时报告还将"生态文明建设"放在了突出地位，将其与经济建设、政治建设、文化建设、社会建设相融合，纳入"五位一体"总布局，为下一步国家法律法规、地方规范、生态保护策略奠定了坚实基础。

党的十九大报告明确指出，我们"既要创造更多物质财富和精神财富以满足人民日益增长的美好生活需要，也要提供更多优质生态产品以满足人民日益增长的优美生态需要"①，要不断推进绿色发展、着力解决突出环境问题，加大生态系统保护力度，改善生态环境监管体制。在着力解决突出环境问题方面，要坚持全民共治，源头防治，构建政府为主导、企业为主体、社会组织和公众共同参与的环境治理体系。

党的二十大报告提出尊重自然、顺应自然、保护自然，是全面建设社会主义现代化国家的内在要求。必须牢固树立和践行绿水青山就是金山银山的理念，站在人与自然和谐共生的角度谋划发展。深入推进环境污染防治，持续深入打好蓝天、碧水、净土保卫战，提升环境基础设施建设水平，推进城市环境整治，健全现代环境治理体系。②完善环境治理的制度体系，加强对环境治理的法律监督和民生监督，形成广泛参与的环境治理政策制度机制，加快推动城市环境质量改善从量变到质变，为全面建设人民满意的社会主义现代化国家持续奋斗。

环境权是公众享有、参与并监督环境保护的法律基础。不将环境权纳入法律，公众参与环境保护和维护其环境权利就缺少法律依据。2015 年 5 月 1 日新修订的《中华人民共和国环境保护法》正式实施，被评为"中国环境立法史上的又一重要里程碑"。新环保法设立专章规定了"信息公开和公众参与"，涵盖了公民获取信息，参与决策以及监督环境行为三个方面内容，加强公众对政府和排污单位的监督。

---

① 习近平：《决胜全面建成小康社会 夺取新时代中国特色社会主义伟大胜利——在中国共产党第十九次全国代表大会上的报告》，人民出版社 2017 年版，第 50 页。

② 习近平：《高举中国特色社会主义伟大旗帜 为全面建设社会主义现代化国家而团结奋斗——在中国共产党第二十次全国代表大会上的报告》，人民出版社 2022 年版，第 49—51 页。

作为首次明确全国性公众参与环境保护的办法，其目的在于保障公民、法人和其他组织获取信息、参与和监督环境保护的权利，畅通参与渠道，促进环境保护公众参与健康发展。这体现了"政府—企业—社会"共同治理环境的理念，给公众参与环境治理指明了方向。

从《环境保护工作汇报要点》首次将人民监督、检举纳入城市环境治理机制到环境保护法中"信息公开和公众参与"章节的进一步明确，为促进人民参与环境治理提供法律和信息保障。

（二）人民参与城市环境监督的基本权利

法治是治国之重器，良法是善治之前提。讲法治就不能不讲权利，人民在参与城市环境治理时，拥有环境知情权、决策参与权、表达权以及监督权，这在《环境保护法》中有着明确的定义与制度保障。

人民参与城市环境治理的保障前提，是人民所拥有的环境知情权，即获取、执行环境信息的权利，只有在充分了解城市环境现状的情况下，才能在参与、监督等环节有的放矢。

人民参与城市环境治理的最核心内容是人民的环境决策参与权，人民所提出的环境意见和诉求，能否对政府的行政举措产生影响，进而影响政府的行政决策。人民的担心和期盼能否直接体现在政府的各项措施和决策中来，政府的环境保护方案是否能解决人民的需求，这是保障人民环境决策参与权的价值所在。完善的制度保障通过维护人民的环境决策参与权，把人民的担心和期盼直接体现在政府的行政决策中来，并对最终的结果产生影响。

人民有权利就自身环境权益表达看法、诉求，提出意见和建议，在合法合规的范围内，通过公共平台、网络、新媒体等方式，曝光环境保护违法行为，维护公众生态环境权益。

人民行使环境监督权是人民参与城市环境治理最具体的体现，是人民对国家机关及政府公职人员行使环境公权力行为进行监督的权利。它涵盖了人民对国家机关和环境主管部门立法、决策的监督；对环境主管部门及行政人员行政执法行为的监督；对权力机关、公职人员在环境管理及监管中不作为、滥作为等滥用权利、贪腐行为的监督。

我国现行《环境影响评价法》《水污染防治法》《大气污染防治法》《土壤污染防治法》和《海洋环境保护法》等一批环保单行法中也都有对人民群众的环境知情权、决策参与权、表达权和监督权政策保障内容。2015 年出台的《中共中央国务院关于加快推进生态文明建设的意见》以《环境保护法》第五章"信息公开和公众参与"为立法依据，制定了切合实际并符合环境保护公众参与现状的措施，进一步保障了人民对于生态环境保护的知情权、参与权、表达权和监督权，使人民参与环境治理更加规范化、制度化、理性化。

二、强化人民参与环境监督的保障机制

在"人民城市"环境问题治理中，需要构建完善的监督机制，从监督机制的角度分析，生态环境领域的监督主体可分为政治监督、行政监督、司法监督和社会监督四个部分。

（一）人民通过政治监督参与城市环境治理

政治监督由党内监督、人大监督、民主监督组成。党内监督通过纪律监督、派驻监督和巡视监督等，是进行环境监督活动中的监督主体。人大是我国的权力机关，对政府机关及公务人员形式的行政权力、执行公务的行为实施监督，对每年的环境状况、环境保护目标完成情况和发生的重大环境事件进行监督。政协监督主要通过建议和批评进行监督，以改进行政机关作风建设，提高工作效率。

中央生态环境保护督察是党中央、国务院批准组建的机构，承担生态环境保护督察任务，也是人民参与到城市环境治理的有效途径。督察组以进驻形式，期间设立专门值班电话和邮政信箱，受理被督察对象生态保护方面的来信来电举报，要求各省（市）按照要求公开督察反馈情况和对应整改方案。

2016 年 11 月 28 日至 12 月 28 日，中央督察组对上海市开展第一轮环保督察工作，环保督察结束后，上海市提出应进一步加强信息公开，探索环境保护的社会治理模式等措施。根据中央第一生态环境保护督察组向上海市反馈督察情况，"截至 2019 年 12 月，督察组转办的群众举报问题已办结 1653 件，其中责令整改 1433 家；立案处罚 714 家，罚款 7570 万元；立案侦查 1 件，拘留 6 人，约谈 321 人，问责 10 人"①，并指出上海市生态环境保护工作取得显著成效，但对标

---

① 生态环境部：《中央第一生态环境保护督察组向上海市反馈督察情况》，2020 年 5 月 12 日，见 https://www.mee.gov.cn/xxgk2018/xxgk/xxgk15/202005/t20200512_778874.html。

中央要求、对标人民期待、对标上海定位，仍然存在差距和短板。上海市高度重视此次督察工作，边督边改、立行立改，解决一大批群众身边突出的生态环境问题，并指出下一步加强信息公开，探索环境保护的社会治理模式等举措。人民的城市环境问题有了反馈的渠道，同样也有了强制的执行措施。

2019 年 7 月 11 日至 8 月 11 日，中央督察组对上海市开展第二轮环保督察工作，"回头看"上海市第一轮整改落实情况以及提出进一步要求，并对人民群众反映的生态环境问题立行立改。上海市紧紧围绕习近平总书记"人民城市人民建，人民城市为人民"的重要理念，提出建立健全的信访监督机制，解决人民切身的环境问题。2021 年 11 月 20 日上海市发布了关于贯彻落实第二轮中央生态环境保护督察反馈意见整改情况的报告，通报在第二轮环保督察期间，督察组进驻期间交办的 2481 件信访件中，已办结 2015 件，阶段性办结 430 件，36 件推进办理。对已办结的交办件，开展现场核查，对个别整改不彻底的实施督办①。同时进一步动员全社会力量强化生态环境治理工作，开展"永不停歇的环保大督察"，打造"永不落幕的环保大整改"。

自 2019 年 7 月 11 日起，上海市生态环境局在环保督察专栏进行群众信访专栏举报转办和边督边改公开情况，将人民监督的城市环境治理问题重视起来，由相关部门核实情况，如情况属实当即整改。以 2019 年 7 月 23 日通报为例，7 月 12 日，中央督察组交办上海市生态

---

① 上海市人民政府网：《上海市公开第二轮中央生态环境保护督察整改落实情况》，2021 年 11 月 19 日，见 https://www.shanghai.gov.cn/nw12344/20211120/32890b1f46c3452b9b-53ca925936e730.html。

环境问题 46 件，7 月 23 日信访事项已全部反馈并在网站进行公示。交办问题以所在辖区进行分类，分为大气、水、噪音、土壤、辐射、生态等污染问题。通过所在辖区环境保护部门赴现场对人民反馈的问题进行核实，调查问题具体原因，情况属实的当即进行整改并对违法违规行为进行追责。7 月 13 日，收到人民举报有物业在小区原有绿地自建生活垃圾中转站并将清洗垃圾桶污水自行排放，街道及居委会工作人员第一时间赶赴现场并进行拍照取证，对信访事件进行核实。实地调查发现情况属实后，7 月 15 日居委会召开四方联席会议听取人民群众对垃圾中转站选址意见，并要求物业公司停止原有地点的垃圾桶污水清洗行为。物业公司承诺整改并购置清洗车辆，在车上完成垃圾桶的清洗作业，保证小区街道整洁。小区的水污染治理得到了人民、街道、社区居委会、物业公司等多方的参与和监督，垃圾中转站的选址有了人民意见的采纳，使人民的声音得到了有效的放大。

人民使用中央生态环境保护督察组提供的举报途径，通过政治监督参与城市环境治理，人民的监督权利、监督途径以及监督后收到的回应得到了政治监督机制的有效保障。

（二）人民通过社会监督参与城市环境治理

社会监督由舆论监督和群众监督组成。舆论监督是人民群众运用公众平台对环境治理出现的问题表达意见、态度和诉求。群众监督是指以人民群众为监督主体，在宪法和法律所赋予的权利范畴下，监督政府机关合理行使行政权力，对国家机关公职人员进行监督。

上海市生态环境局开设政民互动专栏，方便人民通过"上海一网通"进行咨询投诉。人民还可以通过"领导之窗""网上咨询""网上举报"等方式，参照"属地管理、分级负责、谁主管、谁负责"的原则进行实名制信访。以意见建议、申诉、求决、揭发控告等方式，监督城市环境治理问题。同时通过"办理查询"查看信件的流转过程和答复意见，在征得本人同意后，来信内容以及有关单位答复将会在网上公开。

2021 年 8 月上海市水务局开设了上海水务海洋执法专线举报平台小程序，受理洗车店的雨污混排和无证排水、违法填堵河道、工地泥浆接入市政管道以及违法取用河道水和地下水 4 类违法行为，人民可匿名或者实名举报，查证属实后可予以奖励。9 月 8 日，人民通过举报小程序反馈杨浦区某工地违法排放并造成道路积水影响行人通行的问题。上海市水务局执法总队立即联系举报人并赶赴现场核查，确认举报情况属实，依法对工地进行立案查处并当场责令停止违法排放。人民通过小程序进行举报，并且能够得到执法部门的有效回应和立即整改，这对人民积极参与城市环境治理增添了信心与动力。

查证属实后对举报者给予奖励，能够鼓励人民积极参与城市环境监督，真正参与到城市环境治理的行动中来。2021 年 10 月，上海某市民在小程序上举报闵行区某工地违法排放泥浆水，并将照片、视频以及定位发送至举报小程序，第二天即收到了上海市水务局执法总队的电话联系与短信通知。小程序的举报处置状态由"接受""处理中"变成了"已完成"，该市民领取了举报奖励。事后他写下 1500字获奖感言："当时举报是抱着试试看心态，觉得护卫'绿水青山'只是一个市民应尽义务"，"奖励'从天而降'，有了一种从没有过的激动与兴奋"，同时他也感受到"举报小程序不只是方便了市民随时随地图文并茂地举报"，更使执法部门的高效与严格处置"能够更大程度更广范围地调动市民监督水环境和水生态的积极性"。上海水务海洋执法专线举报小程序上线4个月，接到举报54起，做出罚款165余万元，奖励发出1.5万元。

通过搭建社会公众平台，人民对于城市环境治理监督有了固定的投诉渠道，设置专门的栏目查看流转过程和答复意见，更是人民对政府信息公开、环境行政执法过程和人民反映问题回应的有效监督。人民在举报后，能够及时有效收到执法部门的答复，环境违法行为也得到及时整改落实，行政执法部门得到人民的认可，公信力得到提升。同时举报奖励的设置能够更好地调动人民参与城市环境治理，关注身边环境问题，真正做到全民共监督。

三、畅通人民参与环境监督的全链条

人民参与城市环境治理是指人民通过一定的程序和途径参与到城市环境治理相关活动中来，加深对城市环境治理事务的认知、参与、表达以及监督。人民参与城市环境治理的过程包括参与法律法规制定；参与环境政策、环境规划、建设项目环境影响评价；参与各项环境保护举措实施；参与环境污染和生态破坏事件救治工作；参与人民环境意识保护教育、节约资源等。

人民参与城市环境治理与培养人民的公民精神、环境保护意识、环境公益理念息息相关、相辅相成、互相促进。人民是城市环境最重要的相关者，是环境问题的直接受害者，也是环境公共设施和服务的直接受益者。人民通过参与到环境立法、环境规划、环境决策、环境评估、环境监督等环境事务中是对政府环境保护和管理行为的一种补充，也是对自身合法权益的维护和保障。人民参与环境立法制定能提高人民的法律意识、增强人民的法治理念，推动构建社会主义法治社会；人民参与环境事务决策能提高人民的民主意识和参与意识；人民参与城市环境治理事务能提高人民的合作意识和协作意识，推动构建社会和谐社会；人民参与环境救治工作能切身体会到城市环境污染和生态破坏带来的严重后果，进而激发人民的环境保护意识；人民参与城市环境治理能够保障环境各项决策的科学化、民主化，进而增进政府部门城市环境治理决策和管理的公开透明，符合人民的实际情况与切身需求，增加政府的公信力，减少人民与政府之间的摩擦，增进人民对政府的信任感。

环境公众监督包含在人民参与城市环境治理的范畴之中。在环境治理中，环境公众监督权是实现人民参与制度诉求的主要抓手和集中体现。公众环境治理的监督主要体现在督政和督企两个方面：一个是政府的环境管理行政执行监督，一个是企业环境保护承诺及措施监督。城市环境治理公众监督包含事前监督、事中监督和事后监督三个环节。

（一）事前监督

城市环境治理公众事前监督的"督企"是为了防止企业污染排放采取的预防措施。我国环境保护法遵循"保护优先、预防为主"的基本原则，这决定了我国环境治理中规划先行，并占据整个环境管理体制的主导地位。"督政"体现在环境保护标准和环境规划的制定、环境影响评价报告的审批、排污许可证颁发等过程，都必须充分征求社会公众的意见和建议。

上海市生态环境局印发的《上海市环境影响评价公众参与办法》中明确规定，建设项目编制环境影响报告书阶段，建设单位应当依法公开公众参与信息。建设单位应该通过官方规定的网络信息发布平台、公告以及报纸等多种渠道听取公众对环境影响报告书的意见，并通过网络公示、公告张贴和报纸刊登等方式，对公众意见征求进行公示。当出现环境意向公众质疑数目多时，应采取听证会、公众座谈会、专家论证会、设置现场答疑点等方式。

建设单位还应当对公众参与过程中收到的公众意见进行整理、采纳合理意见并完成修订。人民参与到城市环境治理的过程需与环境影响报告书，一同体现在报批前的信息公示中，城市环境治理公众监督权中"督企"得到有效保障。《办法》中要求生态环境部门应公开环境影响报告书受理情况与拟审批决定，期间公众可以按照合理合规的方式提出意见和建议并举报相关违法行为。

环境治理事前规划阶段主要由政府有关部门进行主导，公众监督更多体现在"督企"的环境影响评价制度上。

（二）事中监督

城市环境治理的公众事中监督指建设项目或企业在正式投入后，是否在运行过程中遵守环境保护法律，在污染防治设施运行以及污染物排放过程中是否遵照环境影响报告书执行。2015 年颁布的《环境保护公众参与办法》第十一条规定：公民、法人和其他组织发现任何单位和个人有污染环境和破坏生态行为的，可以通过信函、传真、电子邮件、"12369"环保举报热线、政府网站等途径，向环境保护主管部门举报。

本书以中华人民共和国生态环境部通报的历年"12369"环保举报办理情况为依据，统计了自2018年到2020年的群众环境举报情况，以此反映我国人民环境治理监督意识、环境保护意识的发展情况。根据生态环境部2018年度全国12369环保举报通报，2018年，全国"12369环保举报联网管理平台"共接到公众举报70余万件，其中电话举报36万件，微信举报25万件，网上举报8万件，1万余件国务院大督察网民留言以及两千余件其他渠道举报通过联网平台交由地方办理。以举报污染类型看，2018年大气污染举报占比54.1%，数量最高，其次为噪声（35.3%）和水污染（12.6%）举报，固废（5.9%）、辐射污染（2.9%）和生态破坏（0.9%）举报量相对较少。从污染因子来看，大气污染举报中恶臭异味问题和烟粉尘污染占比分别为41.8%和33.2%，举报污染物类别随季节变化明显。

2019年，全国各地生态环境部门畅通"12369"环保举报渠道，进一步加强全国联网平台的使用，深入推进"12369"环保举报热线电话、微信、网络等举报渠道，推动开展数据分析和积极提供线索信息。2019年底，全国"12369环保举报联网管理平台"共接到举报案件53万余件，大气污染举报占比下降，水、噪声、固废的举报占比上升，且固废污染举报上升趋势明显，全国各地生态环境部门举报问题平均办结天数28天。2020年12月一个月接到环境举报三万余件，电话举报共11970件，约占38.4%；微信举报14069件，约占

45.2%；网上举报 4116 件，约占 13.2%；其他渠道举报 1001 件，约占 3.2%。以上数据充分证明，随着国家环保宣传力度的加大，公众参与环境保护渠道的拓宽，我国人民环境治理过程中的监督意识逐渐加强，环境保护意识不断发展，环境保护公众推广教育得到有效体现。

（三）事后监督

城市环境治理的公众事后监督是人民对建设项目或者企业产生违法排污导致产生环境污染事实的监督，主要集中于环境公益诉讼。《环境保护法》第五十八条指出对污染环境、破坏生态，损害社会公共利益的行为，符合规定的环保组织能够向人民法院提起环境公益诉讼。虽然目前环境行政诉讼功能与效果较环境民事诉讼更强大，但环境民事诉讼在人民参与环境治理中也发挥着巨大作用。

事后监督也包含在城市环境治理中，是人民对治理完成后的成果检验监督。如在城市黑臭水体治理中，根据《城市黑臭水体整治工作指南》《关于做好城市黑臭水体整治效果评估工作的通知》要求，治理工程实施后，应委托第三方机构根据评估方案实施全过程跟踪，及时开展社会评估。由当地政府或第三方评估机构组织对各黑臭水体治理效果进行综合评估。整治效果评估工作应贯穿整治工程的全部过程，评估程序包含评估机构遴选、实施前摸底调查、实施效果评估、竣工报告提交、主管部门下达评估通知、评估机构及时完成评估工作以及评估结论向社会公示并上报主管部门七个步骤。评估报告应包括公众调查评议资料、专业机构检测报告、工程实施影像材料、长效机制建设等。其中最为主要的是公众调查评议，其公众评议的结果是判断地方政府是否完成黑臭水体整治重要依据，其他专业评估结果可为绩效考核、服务费支付等提供技术支撑。

《关于做好城市黑臭水体整治效果评估工作的通知》中对城市黑臭水体整治效果评估要求进行了细化。按照"一河一策"原则，采取截污、清淤、漂浮物和垃圾清除、水质改善等措施，主要工程完工，可委托专业调查机构或第三方评估机构进行公开评估，如果90%以上评议认为黑臭水体已经不再黑和臭，则可视为黑臭水体整治取得初步效果；如果满意度低于90%，高于60%，则视为争议；如果低于60%，则视为评估不通过。

消除黑臭现象后，完成所有修复工程的竣工验收，建立有效防止黑臭现象再次发生的工程和非工程体系，委托专业机构或第三方评估机构每半年进行一次公开评估，至少连续2次，若评估结果满意度90%以上，可认为黑臭水体治理工作已完成。有1次低于90%且高于60%的，视为存在争议，若有1次低于60%的，视为评估不通过。

某市水体整治前为轻度黑臭，治理工程于2017年8月开工，同步开展整治效果评估工作。工程于2019年12月竣工，竣工后开展了连续6个月的水质监测、公众评议调查、影像资料及竣工材料整理，长效机制建设情况分析等工作。

完成黑臭水体整治项目后，共进行两次公众评议调查，调查对象为黑臭水体影响范围的单位、社区居民、商户等。第一次公众评议时间为2019年12月，发放调查问卷100份、第二次公众评议时间为2020年5月，发放调查问卷100份，两次评议结果"满意"及"非常满意"数量总和均大于90%，视为评估通过。

城市黑臭水体整治效果公众评议表包含人民对黑臭水体治理了解

情况，整治后对黑臭水体直观感受，以及整体效果调查。

四、丰富人民参与环境监督的方式方法

根据《中华人民共和国宪法》第二条"中华人民共和国的一切权力属于人民"，第二十七条"一切国家机关和国家工作人员必须依靠人民的支持，经常保持同人民的密切联系，倾听人民的意见和建议，接受人民的监督，努力为人民服务"，第四十一条"中华人民共和国公民对于任何国家机关和国家工作人员，有提出批评和建议的权利；对于任何国家机关和国家工作人员的违法失职行为，有向有关国家机关提出申诉、控告或者检举的权利，但是不得捏造或者歪曲事实进行诬告陷害"，宪法的这些条款是人民行使环境监督权的基础。以《宪法》为基础，我国《环境保护法》第五十三条、第五十七条、第五十八条赋予了人民环境监督权、人民环境举报权以及社会组织提起环境公益诉讼权，同样赋予了公众以监督环境保护的权利。第五十七条进一步规定了公众对于单位和个人、各级政府的举报的权利。第五十八条规定了社会组织提起环境公益诉讼的权利。

在当今网络发达、各种媒体形式层出不穷的时代，公众对环境污染行为和政府环境整治行为的监督日趋多样化。

（一）网络公众平台监督

公众通过在网络地图上曝光发生环境污染的准确位置；在环境信

息公开网站上公开城市环境污染情况、企业排污情况、企事业单位排污口污染情况；开放环保监测市场，增进人民环境保护和监督意识及对企业污染行为实时监督。如中国环境报 APP 设置投稿·爆料专栏，公众通过照片、视频以及文字，记录当地环境污染现状，曝光环境污染行为。

公众通过网络平台曝光环境污染行为，有效地行使了环境污染监督权，并能够将环境污染事实及时、高效地反映到环境保护部门，得到合理回应。

上海市 2021 年修订的《上海市环境违法行为举报奖励办法》规定，公众可以通过微信"12369 环保举报平台"、在上海市生态环境局官网"网上举报"栏目等网络公众平台举报环境违法行为，举报人依法实名举报事项，经查证后属实将给予奖励。

上海市 2018 年生态环境系统共受理各类投诉举报近 4 万件，12345 市民服务热线 3 万余件；全国 12369 环保举报联网平台 8 千余件。2019 年，共受理各类热线反映事项 3 万余件，其中服务热线 2.8 万件、联网平台近 4 千件。2020 年，全市生态环境系统共受理各类热线反映事项 2 万余件，其中服务热线 1.9 万件；联网平台 2 千余件。从污染类型来看，大气污染和噪声污染仍然是公众最关心的问题，分别占受理总量的 60.9% 和 14.5%。

（二）环境信访监督

环境信访是人民进行环境监督的一种有效方式。环境信访成本与门槛低，人民能够通过该方式实现环境治理监督。上海市生态环境信

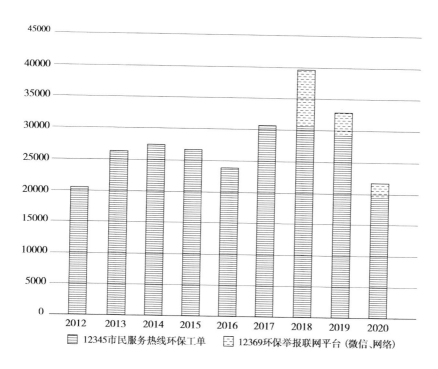

图 5-1　上海市 2012—2020 年生态环境系统受理各类投诉举报统计

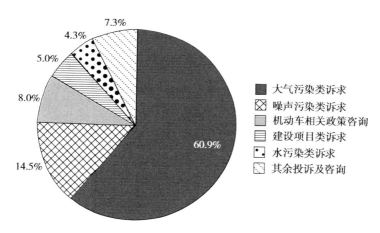

图 5-2　上海市 2020 年生态环境系统投诉类别占比

访由主要领导担总责、信访分管领导具体负责、业务分管领导"一岗双责",不断健全信访工作体制,创新工作方式,如每年开展"生态环境金点子"征集与评选,开展"环保局长接热线"活动并将信访工作做到基层,进行人民环境保护教育宣传。

2018年,上海市生态环境系统共受理环境污染信访件8千余件。环境污染信访件中反映大气污染的占信访件总数的55%,噪声污染的占23.7%,以工业噪声污染为主;水污染的占9.6%,以工业废水污染为主。2019年,上海市共受理群众环境污染信访件7千件。2020年,上海市共受理环境污染信访件4千余件。人民信访总数的下降可以看出城市环境治理成效逐步体现,人民城市生态环境得到改善。

上海市浦东新区人民政府2021年印发《浦东新区生态环境局信访管理办法》对环境信访的职责分工、工作流程、工作制度、工作措施进行了详尽规定。一般信访件要求在1个工作日内受理告知,15天内答复办结;重要交办件根据交办机关的指定办理期限办结,完成书面答复信访人和办结报告的拟写上报工作。环境信访工作遵守"首办责任制""痕迹化管理制""逐级协调、分级签发制",并对信访工作进行评分考核。凡发生因信访问题处理不及时、工作不到位,发生极端恶性事件、重大群体性事件,引发舆论负面炒作,造成社会负面影响和严重后果的实行一票否决制。

(三)环境公益诉讼监督

污染环境、破坏生态行为对于环境公共利益造成的损害具有广域性、隐蔽性、长期性、反复性和累积性等特点,切实涉及公众的利益。但在实践中，环境公益诉讼制度在我国建立时间还不长，属于新事物。无论环境民事公益诉讼还是环境行政公益诉讼，普遍存在"六难"，亟待完善立法依法裁判，形成推动生态文明建设强大合力。

环境公益诉讼是在环境受到或者可能受到污染的情况下，根据相关法律特别规定，社会成员（包括企业、事业单位和社会组织）为保护环境公共利益不受损害，向有关民事主体或行政机关提起诉讼的制度。实践证明，该制度对保护公共环境和公民环境权益发挥了非常重要的作用。

公众通过向政府机关部门或者检察机关反映，检察机关开展调研、调查以及巡查工作，针对违法违规企业进行环境公益诉讼，保障人民的权益。2020 年 7 月《上海市人民代表大会常务委员会关于加强检察公益诉讼工作的决定》正式实施，上海检察机关将维护公益与解决人民急难愁盼的问题相结合履行环境公益诉讼职责。在人民群众的监督下，上海检察机关就非法排污、垃圾清运处置、空气异味等问题进行立案诉讼；督促治理恢复被污染水源、土壤，督促关停和整治违法企业，督促清除固体废弃物和生活垃圾，以及追偿各类赔偿金与治疗费用。同时还对夜间施工以及生活噪音扰民等声污染进行检察监督，督促相关主管部门加强监督监管。群众向政府机关、检察院反映的问题得到了落实，并通过环境公益诉讼对自身的权益进行了合法合理的维护。

同时人民还能够通过向环保组织反映城市环境治理中发现的问题发起环境公益民事诉讼。

五、发挥环境治理协商式监督的优势作用

公众通过网络公众平台、微博、微信社交平台、新媒体平台以及环境信访方式表达环境利益诉求，曝光环境污染事件的案例不断增多。政府和环境保护部门也通过多种形式对环境治理监督中产生的问题进行协商。

（一）固定联络点型协商

公众通过搭建互动平台，反映自身的环境利益诉求，并得到政府环境保护部门的回复和承诺。可以通过人大代表联络站、街道民主协商会议等自下而上的渠道传递诉求。

作为制度化平台，联络站通过：1. 直接生成人大代表提案和建议，对群众反映较为集中的环境问题进行早期走访和调查，志愿者协助人大代表组织开展考察、讨论活动，在分析具体环境问题产生的背景、原因和解决办法的基础上，提出高质量的建议。2. 通过人大常委会向地方政府及其职能部门转交环境诉求。3. 如出现涉及面较广的环境问题，可主动邀请各方人士在联络站内进行平等对话。

上海市生态环境局网页设置政府公开—结果公开—建议提案答复专栏，对人大、政协等会议的提案进行答复，并将办理情况面向公众公开。2021 年上海市生态环境局共收到人大代表建议和政协提案

82件，全部在规定时限内办理，满意率100%。人民自下而上向人大代表反映的切身利益问题得到有效解决，人民的监督权得到有效保障。

（二）社区自治型协商

社区是人民环境治理体系的基石。针对社区内的环境治理问题，以人民群众的直接参与为主要特征，强调"众人的事情由众人商量"，社区和街道组织扮演引导者的角色，必要时邀请地方政府官员和环保专家答疑解惑。

为了鼓励人民更多地参与到社区环境治理中，上海市生态环境局、上海市发展和改革委员会联合印发《关于进一步加快构建现代环境治理体系的通知》，指出各区、各有关单位要因地制宜、勇于创新、大胆实践，在园区、企业、街镇、社区（村居）、楼宇等不同层面和不同领域试点开展环境治理自治。

鼓励街道通过健全街镇环境治理领导机制，完善基层环境治理制度，推进智慧环保平台建设，探索市场化监管服务机制，鼓励基层自治和公众参与等，在街镇分类打造责任明晰、机制创新、多元共治、各具特色的现代环境治理样板。

鼓励社区通过健全基层自治制度，提升监督治理能力，创新公众参与机制，强化群团能力建设，提高公民环保素养等，在社区或行政村分类打造共治、共建、共享的现代环境治理样板。

社区申报试点单位时，必须要具备：1. 积极开展环境信息公开、公众监督等工作；2. 建立投诉调解、社（村）规民约等机制；3. 建立各类社会组织和个人参与社区环境治理的长效机制，构建社区生态环境保护志愿服务体系；4. 推进环保宣传教育进社区、进家庭，积极组织开展公众参与度高、效果好的环保实践活动，培育绿色文化，推广绿色低碳的生活方式。

社区申报时可以选择下述创新点：1. 建立社区环境自治机制，加强与社区物业等的联动，形成良性的沟通交流机制，提高社区环境问题处理效率。探索社区环境圆桌对话、网上互动平台等交流模式创新，加强民意汇聚和应用；2. 主动排查乱丢垃圾、噪声扰民等源头，并探索有效应对措施；3. 巩固提升生活垃圾分类实效，提升社区物品回收点建设水平，推进生活垃圾转运处置利用新途径新方式，提高生活垃圾的处置利用效率和水平；4. 积极对接相关基金会和企业等支持环保公益活动。

（三）咨询型协商

咨询型协商是一种政府服务环境公共政策的形式，人民作为环境治理的参与者和监督者，表达自己对环境治理议题的意见和建议，而政府发挥重要作用，通过自上而下的渠道收集人民意见。

2017 年上海市正式发布《关于本市全面推行河长制的实施方案》，由上海市市长挂帅"总河长"。6 月 4 日中午 12 时，时任上海市市长应勇走进上海广播电台《市民与社会·市长热线》，围绕"治理水环境、共建好生态"主题与市民进行交流，聆听人民群众的所见所闻、意见建议，回答听众的热点问题。

（四）监督型协商

群众以监督平台为依托，对政府环境保护行政执行力、企业环境保护现状、污染整治状况等进行查询、询问和评议，发挥对政府环境保护政策执行权的监督、纠正与辅助作用。

2019 年 7 月 14 日，松江区收到中央第一生态环境保护督察组交办的生态环境问题，有居民反映"松江区东兴路、荣乐东路沿线多家工业企业存在环保手续不全、无污染治理设施、违法生产，秋冬季异味扰民等问题"。环境执法人员赶赴现场，发现了某装饰工程有限公司未经环境影响评价进行施工，擅自开展生产，产生的工艺清洗废水经简单沉淀过滤后排入污水管道，废水重金属指标严重超标，该公司"未批先投"，拟处罚款并责令改正。

同日松江区收到"文涵路 1 号—200 号之间多家饭店将含油污水直接排入附近雨水管道"的生态环境问题反映，街道牵头赶往现场实地调查。通过对该区段内 15 家餐饮企业现场排摸，确定原因为物业公司养护职责履行不到位以及沿途餐饮企业油污混排乱排。街道协同多部门联动，多措并举，即知即改。

人民通过监督型协商的模式，得到了参与城市环境治理的回应，相关部门在监督机制下，迅速、有效地回应公众提出的问题，对相关事项进行实地调查，核实情况；对主要负责干部进行问责与通报，并落实整改工作，问题得到了及时的反馈，人民城市的理念得到进一步的具体体现。

第 六 章

"人民城市" 理念指导下城市环境
治理的掠影范本

　　城市生态环境一方面为经济社会发展提供自然资源供给,另一方面为城市居民提供生活及休闲的空间。随着城市化进程的加快,城市空间囿于以往建设规模和机制致使生态环境和居民生活之间矛盾凸显,城市雾霾、地下水污染、垃圾的高速增长等环境问题已经超出传统城市治理方式能够应对的范畴。垃圾分类作为城市环境治理现代化进程中的一项重要举措,是检验城市环境治理成效的试金石。"现实的人"是城市最重要的价值主体和实践主体,与城市环境治理息息相关,人民群众的满意度是衡量城市环境治理好坏的重要标准。城市环境治理离不开人,生活垃圾作为城市环境治理的一环,同样离不开人。垃圾分类作为一项惠及民生的大事,其背后彰显着人民的社会参与感和满意度、获得感。由此,决定了生活垃圾分类工作也必须坚持"人民城市"重要理念。垃圾问题是大城市普遍面临的一大难题,也是上海作为超大城市推进环境治理必须直面和高度重视的问题。推进垃圾分类和资源化利用是解决我国城市环境治理面临的环境污染、生态破坏和垃圾围城困境、实现城市可持续发展的不二法门。为此,上海市颁布《上海市生活垃圾管理条例》(以下简称《条例》),加强垃圾综合治理。这是贯彻习近平生态文明思想、推进上海生态文明建设的重要举措，是践行"人民城市人民建，人民城市为人民"的重要理念的必由之路，也是破解超大城市精细化环境治理世界级难题的重要环节。

一、中国生活垃圾管理制度与政策

住建部的数据显示，截至 2020 年底，先行先试的 46 个重点城市，生活垃圾分类居民小区覆盖率达到86.6%，厨余垃圾处理能力从 2019 年的 3.47 万吨/天提升到 6.28 万吨/天；生活垃圾回收利用率平均为30.4%，有 15 个城市达到或超过35%。在 46 个重点城市的示范引领下，其他地级及以上城市全部制订出台实施方案，并全面启动了生活垃圾分类工作；广东、浙江、江苏等地省级统筹全面推进生活垃圾分类工作进展顺利。

（一）全国主要城市垃圾分类制度建设情况

我国最早开始垃圾分类是在 1955 年，但当时仅限于将旧纸壳、牙膏皮、玻璃瓶等与其余生活垃圾分开，并上交指定地点便可以换取现金。因此，出于家庭经济需要，民众响应该号召，并未体现对生态环境保护和资源循环利用率提高的关切。随着改革开放的深化，物质种类逐渐丰富，垃圾品类愈来愈多，已经影响到群众、绿色健康、宜居的生活环境。生活垃圾分类能实现垃圾减量和回收再利用，可以促进资源循环与可持续发展。

2000 年 6 月，基于解决终端垃圾处理的难题，住建部发布《关于公布生活垃圾分类收集试点城市的通知》，首次提出 8 个垃圾分类试点城市：北京、上海、广州、南京、杭州、深圳、厦门、桂林。但该方案因民众意识不强、垃圾分类产业链不完善、政府资金短缺等因素而夭折，首批试点城市收效甚微，但也推动了国家层面生活垃圾处理产业政策的发展。

1. 国家层面生活垃圾处理产业政策

自 2017 年我国垃圾分类产业政策开始密集发布（表 6-1）。

表 6-1 国家级城市生活垃圾处理产业政策

发布单位及日期	政策名称	主要内容
2017 年 3 月，住建部、发改委联合发布	《生活垃圾分类制度实施方案》	指出到 2020 年底，要基本建立垃圾分类相关法律法规和标准体系，形成可复制、可推广的生活垃圾分类模式，在实施生活垃圾强制分类的城市，生活垃圾回收利用率达到 35%以上。
2017 年 12 月，国家住建部印发	《关于加快推进部分重点城市生活垃圾分类工作的通知》	要求 2020 年底前，46 个重点城市基本建成生活垃圾分类处理系统，基本形成相应的法律法规和标准体系，形成一批可复制、可推广的模式。在进入焚烧和填埋设施之前，可回收物和易腐垃圾的回收利用率合计达到 35%以上。2035 年前，46 个重点城市全面建立城市生活垃圾分类制度，垃圾分类达到国际先进水平。
2019 年 6 月，住建部等部门发布	《关于在全国地级及以上城市全面开展生活垃圾分类工作的通知》	要求到 2020 年，46 个重点城市基本建成生活垃圾分类处理系统。其他地级城市实现公共机构生活垃圾分类全覆盖，至少有 1 个街道基本建成生活垃圾分类示范片区。到 2022 年，各地级城市至少有 1 个区实现生活垃圾分类全覆盖，其他各区至少有 1 个街道基本建成生活垃圾分类示范片区。到 2025 年，全国地级及以上城市基本建成生活垃圾分类处理系统。适时做好生活垃圾分类管理或生活垃圾全过程管理地方性法规、规章的立法、修订工作。

续表

发布单位及日期	政策名称	主要内容
2020 年 7 月，发展改革委、住建部、生态环境部印发	《城镇生活垃圾分类和处理设施补短板强弱项实施方案》	要求到 2023 年，具备条件的地级以上城市基本建成分类投放、分类收集、分类运输、分类处理的生活垃圾分类处理系统；全国生活垃圾焚烧处理能力大幅提升；县城生活垃圾处理系统进一步完善；建制镇生活垃圾收集转运体系逐步健全。
2020 年 12 月，住建部等 12 部门联合印发	《关于进一步推进生活垃圾分类工作的若干意见》	明确到 2020 年年底，直辖市、省会城市、计划单列市和第一批生活垃圾分类示范城市力争实现生活垃圾分类投放、分类收集基本全覆盖，分类运输体系基本建成，分类处理能力明显增强；力争再用 5 年左右时间，地级及以上城市因地制宜基本建立生活垃圾分类投放、分类收集、分类运输、分类处理系统。
2021 年 5 月，住建部发布	《农村生活垃圾收运和处理技术标准》	自 2021 年 10 月 1 日起实施。标准适用于农村生活垃圾分类、收集、运输和处理，主要包括总则、基本规定、分类、收集、运输以及处理 6 部分内容。

2. 地方性垃圾分类相关政策法规

根据《中华人民共和国立法法》第四章第 72 条，设区的市制定地方性法规，须由市人民代表大会及其常务委员会制定，报省、自治区的人民代表大会常务委员会批准后施行。参考中华人民共和国司法部法律法规数据库，市人大及其常委会发布《垃圾分类管理条例》或《垃圾分类管理办法》符合这一标准（表 6-2）。

表 6-2 地方性垃圾分类文件法规属性

文件种类	是否属于法律法规	举 例
管理条例	是	《揭阳市生活垃圾管理条例》

续表

文件种类	是否属于法律法规	举　例
管理办法（地方人大制定）	是	《海口市生活垃圾分类管理办法》《厦门经济特区生活垃圾分类管理办法》
管理办法（地方其他部门制定）	否	《西安市生活垃圾分类管理办法》《大连市城市生活垃圾分类管理办法》
实施方案	否	《2019年滨海新区生活垃圾分类工作实施方案》

自 2019 年 6 月住建部等 9 部门联合印发《通知》以来，46 个垃圾分类试点城市纷纷行动。除上海之外，各城市的垃圾分类立法情况总结见表 6-3 和表 6-4，如 2019 年 6 月 26 日，《成都市生活垃圾管理条例（草案)》公布，并于 2021 年 3 月 1 日起开始实施；6 月 28 日，《苏州市生活垃圾分类管理条例（草案)》发布，并于 2020 年 6 月 1 日起施行；7 月 4 日，深圳市城管和综合执法局发布《深圳市推进生活垃圾分类工作激励实施（2019—2021)》（征求意见稿）并公开征求意见，自 2019 年 11 月 1 日起实施，有效期 3 年。多个城市的积极响应加快了垃圾分类的推进和普及，为垃圾分类长效化、精细化治理提供了制度保障。

表 6-3　我国 46 个试点城市垃圾分类政策及方式汇总

城市	文件名称	分类方式
北京	《北京市生活垃圾管理条例》	可回收物、厨余垃圾和其他垃圾
上海	《上海市生活垃圾管理条例》《上海市生活垃圾全程分类体系建设行动计划（2018 年—2020 年)》	可回收物、有害垃圾、湿垃圾、干垃圾
天津	《关于天津市生活垃圾分类管理实施意见的通知》	易腐垃圾（含餐厨垃圾）、可回收物、有害垃圾

续表

城市	文件名称	分类方式
重庆	《重庆生活垃圾分类管理办法》	易腐垃圾、可回收物、有害垃圾、其他垃圾
哈尔滨	《哈尔滨市生活垃圾分类工作方案（试行）》	有害垃圾、可回收物、其他垃圾（有餐饮服务的，一般分为可回收物、餐余垃圾、其他垃圾三类）
长春	《长春市生活垃圾分类管理条例》	有害垃圾、易腐垃圾、可回收物、其他垃圾
沈阳	《沈阳市生活垃圾管理条例》	有害垃圾、餐厨垃圾、可回收物、其他垃圾
大连	《大连市城市生活垃圾分类管理办法》	可回收物、易腐垃圾、有害垃圾、其他垃圾
石家庄	《石家庄市生活垃圾分类工作实施方案（2018—2020年）》	有害垃圾、易腐垃圾、可回收物、其他垃圾
邯郸	《邯郸市生活垃圾分类工作实施方案（2018—2020）》	有害垃圾、易腐垃圾、可回收物、其他垃圾
兰州	《兰州市城市生活垃圾分类管理办法》	可回收物、餐厨垃圾、有害垃圾、其他垃圾
西宁	《西宁市城市生活垃圾分类管理办法》	有害垃圾、可回收物、厨余垃圾、其他垃圾
西安	《西宁市城市生活垃圾分类管理办法》	有害垃圾、可回收物、厨余垃圾、其他垃圾
咸阳	《咸阳市城市生活垃圾分类工作实施方案（2018—2020）》	有害垃圾、可回收物、其他垃圾
郑州	《郑州市生活垃圾分类管理办法（征求意见稿）》	有害垃圾、易腐垃圾、可回收物、其他垃圾
济南	《济南市生活垃圾分类工作总体方案（2018—2020）》	有害垃圾、餐厨垃圾、可回收物、其他垃圾
青岛	《青岛市城市生活垃圾分类管理办法》	餐厨垃圾、有害垃圾、可回收物、装修（装潢）垃圾、大件垃圾、其他垃圾
泰安	《泰安市生活垃圾分类管理条例（草案征求意见稿）》	有害垃圾、餐厨垃圾、可回收物、其他垃圾
太原	《太原市生活垃圾分类管理条例》	有害垃圾、易腐垃圾、可回收物、其他垃圾

城市	文件名称	分类方式
合肥	《合肥市生活垃圾分类工作实施方案》	有害垃圾、易腐垃圾、可回收物、其他垃圾；部分公共场所实施三分法，即分为可回收物、有害垃圾、其他垃圾
铜陵	《铜陵市生活垃圾分类管理办法》	可回收物、易腐垃圾、有害垃圾、其他垃圾
武汉	《武汉市生活垃圾分类实施方案》	有害垃圾、餐厨垃圾、可回收物、其他垃圾
宜昌	《宜昌市生活垃圾分类三年行动方案（2018—2020）》	有害垃圾、餐厨垃圾、可回收物、其他垃圾
长沙	《长沙市生活垃圾分类制度实施方案》	可回收物、易腐垃圾、有害垃圾、其他垃圾
南京	《南京市生活垃圾分类管理办法》	有害垃圾、餐厨垃圾、可回收物、其他垃圾
苏州	《苏州市生活垃圾分类管理条例（征求意见稿）》	可回收物、易腐垃圾、有害垃圾、其他垃圾
成都	《成都市生活垃圾分类实施方案（2018—2020）》	可回收物、餐厨垃圾、有害垃圾、其他垃圾
广元	《广元市城市生活垃圾分类工作实施方案》	可回收、不可回收、有害垃圾
德阳	《德阳市生活垃圾分类管理办法》	可回收物、易腐垃圾、有害垃圾、其他垃圾
贵阳	《贵阳市城镇生活垃圾分类管理办法》	可回收物、有害垃圾、易腐垃圾、其他垃圾
昆明	《昆明市城市生活垃圾分类管理办法》	有害垃圾、易腐垃圾、可回收物、其他垃圾
杭州	《杭州市生活垃圾管理条例》	可回收物、餐厨垃圾、有害垃圾、其他垃圾
宁波	《宁波市生活垃圾分类管理条例》	可回收物、厨余垃圾、有害垃圾、其他垃圾
南昌	《南昌市城市生活垃圾分类制度工作实施方案》	可回收物、易腐垃圾、有害垃圾、其他垃圾
宜春	《宜春市生活垃圾分类管理条例》	可回收物、厨余垃圾、有害垃圾、其他垃圾

续表

城市	文件名称	分类方式
广州	《广州市生活垃圾分类管理条例》	可回收物、餐厨垃圾、有害垃圾、其他垃圾
深圳	《深圳经济特区生活垃圾分类条例征求意见稿)》《深圳市推进生活垃圾分类工作激励实施（2019—2021)》	废弃玻璃、废弃金属、废弃塑料、废弃纸类、废旧织物、大件垃圾、年花年桔、有害垃圾、厨余垃圾、餐厨垃圾、果蔬垃圾、绿化垃圾、其他垃圾
福州	《福州市生活垃圾分类管理办法》	有害垃圾、易腐垃圾、可回收物、大件垃圾、其他垃圾
厦门	《厦门经济特区生活垃圾分类管理办法》	可回收物、厨余垃圾、有害垃圾、其他垃圾
海口	《海口市生活垃圾分类管理办法》	有害垃圾、易腐垃圾、可回收物、其他垃圾
乌鲁木齐	《乌鲁木齐生活垃圾分类工作实施方案（2018—2020)》	可回收物、餐厨垃圾、有害垃圾、其他垃圾
呼和浩特	《呼和浩特市生活垃圾分类收运处理工作实施方案》	可回收物、餐厨垃圾、有害垃圾、其他垃圾
银川	《银川市城市生活垃圾分类管理条例》	资源垃圾、厨余垃圾、一般垃圾、有毒垃圾
南宁	《南宁市生活垃圾分类管理办法》	有害垃圾、易腐垃圾、可回收物、其他垃圾
拉萨	《拉萨市生活垃圾分类收集和处理试点工作实施方案》	可回收垃圾、有害垃圾、其他垃圾
日喀则	《日喀则市生活垃圾分类管理办法》	有害垃圾、厨余垃圾、可回收物、其他垃圾

46个垃圾分类试点城市纷纷就垃圾分类制定法规（表6-3），全面启动垃圾分类的相关工作，明确垃圾分类的各项标准及要求，进一步细化垃圾分类的主体责任及惩罚条款等，有助于垃圾分类行业的发展。截至2020年，据46个垃圾分类重点城市的政府官网统计，有18个城市出台正式地方性法规《垃圾分类管理条例》，5个城市出台了《垃圾分类管理条例》征求意见稿或草案；17个城市出台了《垃圾分

类管理办法》，其余6个城市出台了规范性文件。目前来说46个重点城市的垃圾分类立法工作基本完成且达到预期，并已向全国其他城市辐射。

2019—2020年为垃圾分类政策高峰期。截止到2020年底，根据各地政府官网统计，337座地级及以上城市中已有86座城市发布有关垃圾分类管理的条例，占337座城市的25.5%（表6-4），其中铜陵、重庆、深圳、西宁四座城市，既是46个垃圾分类全国试点并实施垃圾分类管理条例的城市，又是"无废城市"建设试点城市和地区。此外，在337座地级及以上城市中有70座发布了与垃圾分类相关的其他政策及规划，垃圾分类正加速由重点城市向全国铺开。

表6-4　制度垃圾分类制度的城市名单

垃圾分类全国试点城市	制定垃圾分类管理条例的城市	"无废城市"建设试点城市和地区
上海、南京、苏州、杭州、宁波、合肥、铜陵、无锡、邯郸、天津、北京、石家庄、重庆、太原、呼和浩特、沈阳、大连、长春、哈尔滨、福州、厦门、南昌、宜春、郑州、济南、泰安、广州、长沙、武汉、宜昌、成都、乌鲁木齐、海口、深圳、南宁、德阳、拉萨、贵阳、昆明、日喀则、西安、兰州、银川、西宁、青岛、广元、咸阳	上海、南京、苏州、杭州、宁波、合肥、铜陵、无锡、邯郸、天津、北京、石家庄、重庆、太原、呼和浩特、沈阳、大连、长春、哈尔滨、福州、厦门、南昌、宜春、郑州、济南、泰安、广州、长沙、武汉、宜昌、成都、乌鲁木齐、海口、深圳、南宁、德阳、拉萨、贵阳、昆明、日喀则、西安、兰州、银川、西宁、常州、金华、南通、嘉兴、芜湖、马鞍山、滁州、宣城、沧州、唐山、邢台、海东、丹东、新宾、威海、东营、聊城、烟台、徐州、衢州、蚌埠、阜阳、黄山、淮南、三明、漳州、濮阳、焦作、洛阳、常德、咸宁、襄阳、黄冈、荆门、鄂州、泸州、大同、河源、三亚、珠海、雅安、汕头	铜陵、重庆、深圳、西宁、威海、徐州、三亚、绍兴、北京经开发区、许昌、包头、盘锦、瑞金、福建光泽县、中新天津生态城、河北雄安新区

2019年7月，上海市率先发布了《上海市生活垃圾管理条例》，

垃圾分类进入了法律规范强制时代。上海市垃圾综合治理实效显著提升，垃圾分类新时尚蔚然成风，上海湿垃圾的日均分出量9200吨，全市垃圾分类达标率提升至90%，正在由"盆景"变"风景"，上海16区分类实效均已达"优"。

3. 城市生活垃圾管理的政策趋势

中国生活垃圾管理大致可以划分为简易处理、卫生填埋、焚烧主导三个阶段。

2016年，住建部、国家能源局、国家发改委筹划面向2030年中长期规划，全面推进焚烧处理能力建设，大力提升垃圾焚烧处理能力，县城乡镇将普遍建设垃圾焚烧厂。

2016年10月22日，住建部等四部委联合发布《关于进一步加强城市生活垃圾焚烧处理工作的意见》（建城〔2016〕227），提出要科学编制生活垃圾处理设施规划，纳入城市总体规划和近期建设规划，要求根据焚烧厂服务区域现状和预测的垃圾产生量，适度超前确定设施处理规模。

2017年12月12日，国家发改委、国家能源局等五部委发布《关于进一步做好生活垃圾焚烧发电厂规划选址工作的通知》（发改环资规〔2017〕2166号），要求2018年底前编制完成省级生活垃圾焚烧发电中长期专项规划，要求列明2020年前计划开工建设的具体项目，并提出2030年前拟建垃圾焚烧厂目标名单，纳入新一版城市总体规划。依据垃圾焚烧ESG环境绩效平台信息，截至2020年10月，我国31个省和直辖市（不含港澳台），有垃圾焚烧单体项目企业的共492个。

2020年7月31日，国家发改委发布《关于印发城镇生活垃圾分

类和处理设施补短板强弱项实施方案的通知》（发改环资〔2020〕
1257号）。《通知》的核心内容，一是生活垃圾日清运量超过300吨
的地区，要加快发展以焚烧为主的垃圾处理方式，适度超前建设与生
活垃圾清运量相适应的焚烧处理设施，到2023年基本实现原生生活
垃圾"零填埋"。二是在生活垃圾日清运量不足300吨的地区探索开
展小型生活垃圾焚烧设施试点。三是鼓励跨区域统筹建设焚烧处理设
施。根据预测，中国生活垃圾焚烧产业将继续维持快速稳定增长，从
规模上来说，中国将成为生活垃圾焚烧的超级大国。

同期，堆肥等处理方式并未得到有效的支持和发展，中国生活垃
圾管理的关注重点在后端处理方式上，始终未能落实源头减量、重复
使用、循环再生的先进理念，导致了一些困境的产生。

（二）"无废城市"建设情况

鉴于"无废城市"和垃圾分类治理具有很大的相关性，以下对
"无废城市"建设的内容及进展作简要论述。

1."无废城市"的相关法规政策

2018年12月29日，国务院印发《"无废城市"建设试点工作方
案》（以下简称《方案》），强调这是"一种先进的城市管理理念，
旨在最终实现整个城市固体废弃物产生量最小、资源化充分利用、处
置安全的目标"。这种新型城市发展模式是要"推动形成绿色发展方
式和生活方式，持续推进固体废物源头减量和资源化利用，最大限度减
少填埋量，将固体废物环境影响降至最低"。《方案》要求"探索建立量
化指标体系，系统总结试点经验，形成可复制、可推广的建设模式"。

2019 年 1 月,我国启动的"无废城市"建设试点,由生态环境部会同国家发展改革委、工信部、财政部、自然资源部等 18 个单位共同推动,最终确定"无废城市"建设的首批试点城市(区)为"11+5"共 16 个。"11+5"个试点城市和地区地理位置不同,经济社会发展阶段不同,在"无废城市"建设过程中面临的主要矛盾和问题也不尽相同,但通过试点,各地都找到了符合本地实际的"无废城市"建设模式。

2019 年,生态环境部专门发布《关于提升危险废物环境监管能力、利用处置能力和环境风险防控能力的指导意见》,聚焦重点地区和重点行业,围绕打好污染防治攻坚战,着力提升危险废物"三个能力",要求 2020 年底前,长三角地区(包括上海市、江苏省、浙江省)及"无废城市"建设试点城市率先实现;2022 年底前,珠三角、京津冀和长江经济带其他地区提前实现。强调要做好各类危险废物的监管,建立省域内能力总体匹配、省域间协同合作、特殊类别全国统筹的危险废物处置体系。

2020 年 4 月,国家在 1996 年施行的《中华人民共和国固体废物污染环境防治法》的基础上进行了第二次修订(简称"新固废法"),并于 9 月开始正式施行。在新固废法中,特别强调省、自治区、直辖市之间可以协商建立跨行政区域固体废物污染环境的联防联控机制,统筹规划制定、设施建设、固体废物转移等工作。同时,新固废法对工业固体废物、生活垃圾、建筑垃圾、农业固体废物和危险废物等各类固体废物分门别类进行了详细规定,做到对各类固体废物全覆盖。

2021 年 5 月 11 日,国务院办公厅发布了《关于印发强化危险废物监管和利用处置能力改革实施方案的通知》,要求到 2022 年底,危险废物监管体制机制进一步完善，建立安全监管与环境监管联动机制，危险废物非法转移倾倒案件高发态势得到有效遏制。基本补齐医疗废物、危险废物收集处理设施方面短板，县级以上城市建成区医疗废物无害化处置率达到99%以上，各省（自治区、直辖市）危险废物处置能力基本满足本行政区域内的处置需求。到2025年底，建立健全源头严防、过程严管、后果严惩的危险废物监管体系。危险废物利用处置能力充分保障，技术和运营水平进一步提升。各地区各部门按分工落实危险废物监管职责、建立危险废物环境风险区域联防联控机制、落实企业主体责任、完善危险废物环境管理信息化体系。

开展"无废城市"建设试点是深入落实党中央、国务院决策部署的具体行动，是从城市整体层面深化固体废物综合管理改革和推动"无废社会"建设的有力抓手，是提升生态文明、建设美丽中国的重要举措。"无废城市"并不是没有固体废物产生，也不意味着固体废物能完全资源化利用，而是一种先进的城市管理理念，旨在最终实现整个城市固体废物产生量最小、资源化利用充分、处置安全的目标，需要长期探索与实践。通过"无废城市"建设试点，统筹经济社会发展中的固体废物管理，大力推进源头减量、资源化利用和无害化处置，坚决遏制非法转移倾倒，探索建立量化指标体系，系统总结试点经验，形成可复制、可推广的建设模式。

（三）"无废城市"的典型案例和示范模式

浙江是全国第一个以省政府名义部署开展全域"无废城市"建设的省份，作为浙江省唯一的国家"无废城市"试点城市，绍兴市实施印染、化工产业集聚提升，统筹治废、治水、治气、治土的"大无废"智慧数字化系统建设；威海市聚焦"4+2"试点模式，突出海洋绿色发展、绿色旅游发展特色，探索"无废细胞""无废航区"创建；盘锦市打造了辽河油田"无废矿区"建设模式、石化及精细化工产业绿色高质量发展模式，以及城乡固废一体化、全过程、精细化的大环卫模式；西宁市构建电解铝、有色金属冶炼两条循环产业链和高原特色生态牧场建设模式，一般工业固废综合利用率保持在93%以上，残膜回收利用率达到89%，并实现了回收残膜的全量利用；在雄安新区，目前正在落实遗存处理全量化、增量废物全面规划、新区发展无废化建设模式，雄安新区已建成全国规模最大的固体废物处置终端，目标是生活垃圾分类收集率和无害化处理率达到100%，城市生活垃圾回收资源利用率达到45%以上；重庆已实现医疗废物集中无害化处置、农膜回收网点、再生资源回收体系镇级或社区"三个全覆盖"，主城都市区中心城区实现原生生活垃圾零填埋、餐厨垃圾全量资源化利用、城镇污水污泥无害化处置率超过95%。

"无废城市"建设试点正处于爬坡过坎的关键阶段，各省市正加快推进试点方案的落实，"绝不能把写的当成做的"，提升监管能力，防范风险，重点推动固体废物、危险废物和有机废物的处置能力，加快补齐短板。如固体废物源头减量和资源化利用相关法律法规、政策标准还不够健全，难以形成合力，执行力度也有所欠缺，需要不断完善和强化等。

试点城市和地区将"无废城市"建设与本地经济社会发展有机融合，初步总结出一些具有示范意义的创新模式。例如，包头"传统产业转型升级+工业余热余压利用+沉陷区光伏发电相结合的工业固体废物源头减量模式"；瑞金"依托特色产业开展种养循环农业示范，推行种养平衡、绿色生态发展模式"；盘锦"整县推进畜禽粪污资源化利用模式"和"城乡固体废物一体化、全过程、精细化大环卫模式"；三亚"循环经济产业园统筹城市固体废物处置设施建设，破解邻避效应"；等等。

（四）"无废城市"与生活垃圾管理

垃圾革命的高目标：通过循环经济建设"无废城市"。推进"无废城市"建设，将引导全社会减少固体废物产生，提升城市固体废物管理水平，加快解决久拖不决的固体废物污染问题。"无废城市"旨在把生产生活中产生的垃圾通过再利用的方式逐步减少甚至消除，废弃物的源头减量化、资源化利用，全程无害化处理是实现目标的具体路径。

1. 建设"无废城市"是高目标，需减少垃圾产生量

现阶段，我们还只是尽量减少末端垃圾处理量，用焚烧代替填埋。"无废城市"的概念是要求城市物质流实现闭环，尽量没有废弃物排放。换句话说，是要把填埋和焚烧这样的处置方式最小化。要成为无废城市，最重要的一点是减少产生量。垃圾的资源化利用是减少垃圾处置量，进行再循环（Recycle）。但是这只是循环经济和循环发展的最低要求，更高的要求是再利用（Reuse）和减量化（Reduce）。垃圾革命的高目标就是围绕这三个 R 来实现的，所谓循环型社会就是 3R 社会。

2. "无废城市"重在提高资源生产率和循环率、降低处置量

首先是处置量要降低。城市发展过程中不可避免地会产生废弃物。尤其是伴随着城镇化的推进和人民生活水平的提升，产生的垃圾和废物数量还在不断增长。一些地区因处理不好资源与发展的关系，出现了资源枯竭型城市，要解决这一难题，需要从源头上减少固体废物的产生，改变"大进大出"的发展方式，对资源和废物进行重新定义，用得好，固体废物也可以是潜在资源，在源头上降低处置量。其次是循环率要提高。资源循环利用不仅包括末端的堆肥和资源再生利用，更包括产品的反复使用、用服务模式替代产品拥有模式等几种情况。将发展循环经济作为"无废城市"建设的重要手段，并纳入"无废城市"建设的相关方案、规划和行动计划中。再者是资源生产率要提高。进口端的资源生产率，就是将资源消耗与 GDP 进行比较，大幅度提高单位资源 GDP 产出，这个概念相当于上海现在经常提及的经济密度。经济密度通常被认为是单位土地的 GDP 产出，这一概念同样可以运用在垃圾问题上。循环经济非常关注的是资源生产率，城市运作需要水、地、能、材等各种各样的资源。资源进入生产和消费中，经过加工变成产品，经过消费实现效用，最终无用的部分变成废弃物，这是一个物质流的全过程。

3. "无废城市"对上海垃圾管理的启示

上海的垃圾管理面临着阶段性的任务。第一阶段先解决当前垃圾分类和排放量达到峰值问题，这一阶段要力争在 2030 年之前完成。第二阶段的更高战略，是建设一个低废、无废的循环型社会。就此而言，垃圾分类是一个动态改进不断完善的过程，重在全民参与养成习惯，必须求真务实循序渐进。居民在身体力行垃圾分类的过程中，才

能对垃圾问题产生切肤之痛，逐步养成绿色生活、绿色消费的习惯，潜移默化地融入绿色生产理念，从而在生活、消费过程中和生产领域减少固体废物的产生，真正促进源头减量和回收利用。"无废城市"跟我们每个人都有关系，每个人都尽可能少产生垃圾，产生了垃圾后按要求做好分类投放，就是实实在在为"无废城市"建设做贡献。

二、上海市生活垃圾管理立法过程

《上海市生活垃圾管理条例》是上海市人大制定的地方法规，该《条例》已由上海市第十五届人民代表大会第二次会议于 2019 年 1 月 31 日通过，自 2019 年 7 月 1 日起施行。有关条例的出台过程，如下：

（一）现实背景

1996 年以来，上海市开展了多轮生活垃圾分类试点推进工作，并于 2000 年成为国家首批生活垃圾分类试点城市之一。2011 年 4 月，《国务院批转住房城乡建设部等部门关于进一步加强城市生活垃圾处理工作意见的通知》明确提出了切实控制生活垃圾产生、全面提高处理能力和水平等五个方面的 25 项具体工作任务和要求。以此为契机，上海市自 2011 年起拉开了新一轮生活垃圾分类减量试点工作的序幕，生活垃圾分类减量连续 7 年列入市政府实事项目；2012 年 4 月，市政府建立了生活垃圾分类减量推进工作联席会议制度。经过近

3 年的实践探索，新一轮试点工作取得一定成效。

在总结试点工作成效和经验基础上，市政府于 2014 年 2 月制定出台了政府规章《上海市促进生活垃圾分类减量办法》。《办法》的出台施行，为提升生活垃圾分类管理水平、改善人居环境质量，发挥了积极的作用。十九大报告明确提出"加强固体废弃物和垃圾处置"。习近平总书记作出了普遍推行垃圾分类制度的重要指示，要求北京、上海等城市"向国际水平看齐，率先建立生活垃圾强制分类制度，为全国作出表率"。2017 年，国务院办公厅发布了《关于转发国家发展改革委住房和城乡建设部〈生活垃圾分类制度实施方案〉的通知》，进一步明确上海等 46 个重点城市在 2020 年底前先行实施生活垃圾强制分类。住房和城乡建设部将生活垃圾立法作为落实《实施方案》情况的考核指标之一。为深入贯彻落实党中央、国务院要求，上海市出台了《关于进一步加强本市垃圾综合治理的实施方案》《关于建立完善本市生活垃圾全程分类体系的实施方案》《上海市生活垃圾全程分类体系建设行动计划（2018—2020 年）》等文件，但对照党中央、国务院的要求以及社会各界期盼，实践中依然存在着若干"短板"，主要体现在四个方面：一是分类质量有待进一步提高；二是全程分类体系尚未健全；三是基础设施建设和改造有待加快推进。

综合以上情况，制定地方性法规是生活垃圾源头减量、全程分类、无害化处置和资源化利用的有效法制保障。开展生活垃圾分类，推行垃圾减量化、资源化、无害化，是对传统生产生活方式的一场变革，是一项长期、复杂的系统工程，通过地方立法给予规范和引领，不仅是党中央、国务院的明确要求，也是实践工作的迫切需要。此后，上海市人大常委会于 2011—2012 年连续两年就生活垃圾分类工作展开专项监督，并不断有人大代表呼吁加快生活垃圾立法进程。2017 年，市人大常委会将生活垃圾管理立法列为重点调研项目，建立了由市人大常委会和市政府相关领导为双组长的立法调研小组，聚焦生活垃圾治理的实践和地方立法面临的难点问题深入开展调研，坚持政府工作和人大立法同步推进，推动垃圾分类，立法先行。

2016 年 12 月，习近平总书记主持召开中央财经领导小组会议，研究普遍推行垃圾分类制度，强调要加快建立分类投放、分类收集、分类运输、分类处理的垃圾处理系统，形成以法治为基础、政府推动、全民参与、城乡统筹、因地制宜的垃圾分类制度，努力提高垃圾分类制度覆盖范围。近年来，全国人大常委会和地方各级人大常委会深入学习贯彻习近平生态文明思想和习近平总书记关于垃圾分类工作指示精神，立足自身职责，勇于担当作为，加快推进立法工作，充分发挥法律引领、规范、推动、保障作用，以使垃圾分类工作成为全民"举手之劳"，成为全社会新时尚。同时有关部门加强顶层设计和难点突破，并形成了立法的框架思路。

（二）前期准备

为保证垃圾分类工作取得实效，上海市政府及其有关部门几乎考虑到了从顶层设计到落地执行的每一个细节。

1. 人大代表提出议案

在生活垃圾立法之前，不断有人大代表呼吁加快生活垃圾立法进程，旨在通过法律的强制性来培育居民的行为习惯。生活垃圾管理工作获得了不少有益的经验。在 2018 年，人大代表们就上海市推进生活垃圾分类管理方面，提出了多项可行性议案。

在"关于推进上海市生活垃圾分类立法工作的议案"（第 29 号）中，茹国明等 12 位代表提出，生活垃圾分类工作面临着居民主动参与程度不高、综合治理短板仍然存在、垃圾分类体系尚不完善等问题。市人大常委会已将垃圾分类工作作为重点立法调研项目，开展了系列立法调研。为此建议加快《上海市生活垃圾管理条例》立法进程，立法应包括以下内容：一是引导社区居民践行垃圾分类理念；二是完善生活垃圾综合管理体制；三是落实单位垃圾强制分类责任；四是规范建筑垃圾源头管理和消纳处置；五是加强收运企业的监督和引导；六是对垃圾分类违规行为加大处罚力度。

在"关于加快推进'上海生活垃圾分类管理'立法的议案"（第 32 号）中，赵爱华等 15 位代表提出，国家层面推进生活垃圾强制分类的时代已经来临，上海生活垃圾分类管理推进还存在较多问题，必须"顶层设计、系统配套、持续推进"，应在前 20 年生活垃圾分类管理探索实践基础上，加快立法步伐，为全市推进实施生活垃圾分类管理提供法律保障。为此建议，在前期立法调研的基础上，加快推进立法进程，以规范生活垃圾源头分类及后续的分类运输、分类处理和资源化工作。议案同时附有立法应重点关注的内容。

2. 市人大常委会将生活垃圾作为重点调研项目

《上海市生活垃圾管理条例》于 2017 年被列为市人大常委会年度立法计划的重点调研项目。按照市人大要求，政府主管部门同其他相关部门相继开展了生活垃圾管理及立法问卷调查、生活垃圾相关政府规章立法后评估、专题课题研究等前期工作，为条例的起草奠定了必要的基础。条例被列为市人大常委会 2018 年度立法计划的正式项目后，于同年 3 月成立了由市人大、市政府领导担任"双组长"的立法工作领导小组，形成了立法工作方案。政府主管部门按照领导小组和方案要求，在起草阶段对条例的立法思路、体例结构、重点内容等进行了多次研究，广泛听取市政府有关部门、各区政府、人大代表、专家学者、相关作业服务单位和社会公益组织的意见建议，并提请市政府分管领导召开专题会议，研究、明确立法有关问题。

为汇集各方智慧，广泛凝聚社会共识，切实增强立法的科学性和可操作性，2017 年，市人大组织代表以垃圾分类为主题，面向社区居民和市人大代表开展高达 1.5 万份的"双样本"问卷调查。在此基础上，扩大范围，围绕与公众直接相关的一些具体制度措施，向 2000 多名市、区、乡镇人大代表和 14000 多位居民开展问卷调查，在集中民意民智的同时大力开展社会宣传动员。问卷调查显示，公众对实施生活垃圾分类工作认可度较高，有超过 85% 的受访者认为"每个居民都是垃圾的产生主体，开展垃圾分类是居民应尽的义务"，将近 83% 的受访者认为"应当强制推行生活垃圾分类"。

2018 年 3 月，围绕"生活垃圾分类"的全链条展开调研，市人大先后深入 10 个区、20 多个住宅小区、10 余家企业，对源头分类、资源回收、分类运输、分类处置、湿垃圾和可回收物循环利用等开展实地调研，并聚焦实践中的堵点问题和立法关键制度设计，开展近 10 次专题研究、讨论，市人大常委会还专程赴宁波、杭州、厦门、大连、青岛等城市考察学习生活垃圾分类和立法经验。

3. 上海市人大三次审议四次专题协调

立法是一个平衡、协调矛盾的过程，立法者所确认的法律规范是一个历经多方博弈所形成的均衡，生活垃圾管理立法就是这样一个过程。上海市人大收到市政府的法规草案后，先后在 2018 年的 3 次常委会议上对《条例（草案）》充分审议，对其框架结构以及关键条款反复打磨。市人大常委会会同市政府进行了 4 次专题协调，不断与有关部门沟通协调，促使各方在立法基本思路和关键问题上逐步形成共识。

在立法起草和审核过程中，政府主管部门、市政府法制办与市人大有关专门委员会保持积极沟通，就草案体例结构以及分类标准、源头规划、资源化利用等具体内容进行了充分研究。在认真研究、借鉴吸收各方意见基础上，草案内容的完整性、针对性进一步加强，各方面的共识程度不断提升。经市政府常务会议讨论通过，形成了《上海市生活垃圾管理条例（草案）》。该草案遵循的基本思路：贯彻习近平生态文明思想，将生活垃圾综合治理作为破解超大城市精细化管理世界级难题的重要环节，遵循"全生命周期管理、全过程综合治理、全社会普遍参与"① 理念，聚焦补足"短板"、注重可操作性，着力强化全程分类体系建设，加快推进生活垃圾"减量化、资源化、无害化"，形成本市生活垃圾管理的基本制度规范。

2018 年 9 月 26 日，《上海市生活垃圾管理条例（草案）》提交市人大常委会第六次会议一审。《条例》的法规草案主要围绕"三全"的概念：全生命周期管理、全社会普遍参与、全过程分类处理。针对法规的实用性、可操作性、垃圾分类的责任主体等展开审议。

2018 年 11 月，草案提交二审，主要针对《上海市生活垃圾管理条例（草案）》的框架结构以及关键条款进行修正。常委会还会同市

---

① 乔俊：《用立法推进生活方式变革》，《上海人大月刊》2018 年第 10 期。

政府对生活垃圾规划编制、回收体系建设等难点问题进行了四次专题协调。2018 年 12 月 7 日，市人大常委会在虹桥街道举行《上海市生活垃圾管理条例（草案）》（修改稿）立法听证会，在居民"家门口"直接听取意见。作为"公共产品"，这部法规的制定过程理应公开、透明，让各方意见能够充分表达，从而尽可能平衡不同利益诉求、凝聚社会共识。经过三次审议和多方协调听证，观点的碰撞和多方博弈让草案能够寻求各种利益诉求的"最大公约数"。

4. 人代会审议

经过三审之后，垃圾分类立法进入最后的阶段——提交市人代会审议。这是继《上海市老年人权益保障条例》《上海市食品安全条例》之后，提交人代会审议表决的又一部重要立法。按照制定地方性法规条例的规定，关系到本市特别重大的事件，应该由人民代表大会来审议。考虑到垃圾综合处理需要全民参与，生活垃圾分类管理涉及人们行为习惯的改变，这一草案应当由全体代表在大会上审议、表决，故本次将立法主体调整为市人代会。据统计，本次会议共有代表 488 人次提出 646 条意见和建议。代表提出的意见涉及修改的地方 43 处，修改了 22 处，半数意见均已被采纳。

2019 年 1 月 31 日，经历三次审议，《上海市生活垃圾管理条例》在上海市十五届人大第二次会议上获高票通过。《条例》是全国首部由代表大会通过的关于生活垃圾管理方面的省级地方性法规。随着条例的实施，"新时尚"开始走进上海千家万户，化为每一位市民群众的行动自觉。

5. 专项监督

2019 年，上海人大历时最久、范围最广的监督就是垃圾分类。

在法规实施前，市人大发起一场全方位的明察暗访，调研数十个小区及单位；法规实施首日，人大代表第一时间走进各个社区、商场、园区探访，吹响践行新时尚的号角；法规实施后，市人大对 16 个区开展数轮暗访抽查，梳理形成六大类 31 个问题，推动政府部门边督边改。垃圾分类专项监督是这一年人大监督工作的缩影。市人大坚持依法监督、正确监督、有效监督，既关注高质量发展，也关注民生改善、生态建设；坚持问题导向，敢于动真碰硬，让法律制度的牙齿有力"咬合"，维护好人民群众的合法权益。

2019 年，上海市人大常委会启动对垃圾分类推进情况的专项监督。以条例正式施行为节点，分为两个阶段——4 月至 6 月底，重点监督调研各项准备工作，如宣传教育、社会动员是否到位，机关及企事业单位带头开展垃圾分类的情况等。7 月至 10 月，监督重点转至生活垃圾全程分类体系的建设方面，包括硬件设施建设和相关职能部门的履职情况、配套规划细则的制定及实施等。同年 4 月，上海市人大启动生活垃圾分类专项监督，重点聚焦六个方面：

一是各类主体围绕《条例》实施和生活垃圾分类有效推进所开展的宣传教育和社会动员的情况；

二是生活垃圾全程分类硬件设施建设情况，特别是分类投放、收集、运输、处置全过程的规范化、标准化、信息化建设情况；

三是党政机关、企事业单位、公共机构带头开展垃圾分类的情况；

四是市政府相关职能部门和区、街镇属地政府依照《条例》规定履行职责的情况；

五是与《条例》实施相配套的规划、细则、标准、政策、机制等制定情况；

六是市政府确定的 2019 年相关指标完成情况。

会议旨在通过人大、政府与社会各界的共同努力，通过媒体的及时报道、宣传引导和舆论监督，用良法促善治，使垃圾分类成为超大城市社会治理的又一个"法治化样本"，让市民群众充分感受到条例实施的效果。

（三）配套制度和政策

《条例》制度配套正稳步推进。2019 年 2 月，市政府办公厅印发《关于贯彻〈上海市生活垃圾管理条例〉推进全程分类体系建设的实施意见》（以下简称《实施意见》），对生活垃圾管理条例作出详细解读，明确了组织领导、基层建设、法规配套、源头减量等 12 个方面、49 项工作任务，包括 18 项配套文件。

垃圾分类是一项系统工程，必须举全市之力、集各方智慧，形成全社会共同推进的强大合力。在市委市政府的坚强领导下，各单位和各部门各司其职、各尽其责，为垃圾分类工作注入了强劲动能。

作为贯彻条例的牵头部门和生活垃圾分类工作的主管部门，市绿化市容局紧紧围绕"思想认识到位、责任分解到位、体系建设到位、社会动员到位、普法培训到位"的要求，组织各部门落实实施意见。

住宅小区是生活垃圾分类管理的重要阵地，也是生活垃圾源头治理的重要环节。市房管局运用上海物业 APP 等信息化手段，对全市住宅小区生活垃圾投放现状进行了全覆盖调查，从已汇总的 9024 个住宅小区调查数据来看，还有近五成小区没有进行垃圾箱房改造。此外，垃圾分类驳运压力大，垃圾回收箱设置不够规范等也成为垃圾分类投放工作不容忽视的"短板"。

根据实施意见"继续研究落实生活垃圾焚烧设施的建设投资补贴政策"的要求，市发改委配合市绿化市容局抓紧开展相关政策研究，评估上一轮支持设施的建设投资、发电效益、实际运营效果后提出针对性意见。

市科委围绕实施意见，积极组织本市优势科研力量争取国家重点研发计划支持，针对生活垃圾全程分类体系中"收集、中转、回收、处置"四个环节存在的关键技术瓶颈，开展相关科技工作布局，打造"技术、装备、示范、平台"全方位支撑体系。

市教委委托市教研室进行了专项研究，将"环境与健康"教育作为教育专题，将生活垃圾的产生源头、过程减量、环境影响、末端处置，全面直观地融入各个主题教育中，培养学生建立全面发展、创新时代的品质素质。

市文化旅游局制定了《关于本市旅游住宿业不主动提供客房一次性日用品的实施意见》，列出本市旅游住宿业不主动提供的一次性日用品目录（2019年版，包括牙刷、梳子、浴擦、剃须刀、指甲锉、鞋擦，共计6件），已正式对外发布。

市民政局正会同市绿化市容局制定《关于鼓励引导本市社会组织参与垃圾分类工作的指导意见》，旨在引导社会组织在参与教育宣传、组织项目实施、参与科技研发、促进公众参与等领域发挥积极作用。

市商务委联合市邮政局共同发布《关于本市推进电子商务与快递物流协同发展的实施意见》，提出推动电商快递绿色化运营，进一步提升环保水平。

市机管局则明确提出党政机关等公共机构应在"先做"和"精做"上发挥示范引领作用。据了解，目前全市党政机关等公共机构已配备分类垃圾桶 227885 个，签订生活垃圾处运协议 17202 份。

《实施意见》其余 15 项配套制度已颁布。湿垃圾就地处理设施配置标准、"不分类、不收运"操作细则等 10 项配套制度于 2019 年 5 月底发布；旅馆、餐饮行业一次性用品目录等 5 项配套制度于 2019 年 6 月底发布，并加强重点配套制度宣传解读。针对旅馆、餐饮行业限制使用一次性用品目录、"不分类、不收运"操作细则等文件，广泛开展宣传解读。同时，修改生活垃圾管理相关政府规章。

一部操作性强的立法，必须有一系列配套政策，辅佐法律实施。上海市除了《条例》外，还出台了 20 多项相关政策，包括生活垃圾总量控制制度，建立全流程、全方位的配套政策体系。

（四）具体框架

《条例》出台的基本程序主要有：①征求意见制定草案；②针对草案征求修改意见；③立法听证会听取市民意见；④常委会审议（图 6-1）。条例经过立法调研—专项监督—执法检查—专项监督几个过程。

上海市十五届人大二次会议表决通过了《上海市生活垃圾管理条例》并于 2019 年 7 月 1 日正式开始实施。大会期间，针对垃圾分类立法，上海市人大代表们共提出建议 646 条，涉及修改意见的有 43 处，半数得到了采纳。

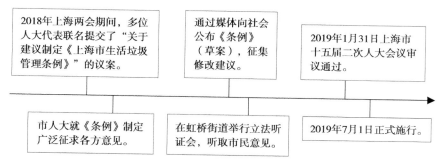

图 6-1 《条例》形成的基本程序

（五）专项监督

在生活垃圾管理条例实施一周年期间，上海市各部门"重磅出击"，各级人大代表走进社区、商场和园区，了解条例实施情况，听取市民建议；出动执法人员 17800 人次，开展执法检查 9600 次，依法查处各类生活垃圾分类案件 190 起（其中，对个人处以罚款 15 元起）；公布首批 20 名生活垃圾管理社会监督员名单，监督员覆盖全市 16 个区。

为了推动条例的贯彻落实，连续三年，上海市人大启动生活垃圾管理工作专项监督。截至 2021 年 5 月，自《上海市生活垃圾管理条例》施行以来，全市干湿垃圾分类实效显著提升，近两年分类实效保持稳定趋势，湿垃圾分类量基本稳定在干湿垃圾总量的 40% 左右；可回收物分类量基本稳定在日均 6500 吨以上。

2021 年 6 月，上海市人大启动生活垃圾管理专项监督。据悉，此次专项监督将结合固废法执法检查和生活垃圾资源化利用大调研等同步开展。11 月举行的上海市人大常委会会议拟听取和审议上海市政府关于开展生活垃圾管理工作情况的报告。此次专项监督是在2019 年开展生活垃圾全程分类管理专项监督、2020 年开展《上海市生活垃圾管理条例》执法检查的基础上，进一步聚焦生活垃圾源头减量、分类投放长效管理、可回收物产业化、湿垃圾资源化和全过程管理信息系统建设等内容。具体包括：市、区政府相关职能部门履行职责、开展执法监管等情况，以及在推进"减量化、资源化、无害化"过程中遇到的问题和改进的建议。部分垃圾分类滞后的公共场所、商场、农贸市场等加强分类投放管理，以及物业企业落实分类投放管理责任人制度等情况。快递物品和商品的包装物、一次性用品、塑料制品等源头减量情况。湿垃圾资源化利用、湿垃圾残液纳管排放情况，原生垃圾"零填埋"落实情况。推进循环经济政策、可回收物产业化、利用再生科技创新和支撑体系建设等情况。生活垃圾管理数字化监管和数字化应用场景建设等情况。

市人大常委会发挥市区人大联动的优势，委托 16 个区人大常委会同步开展监督调研，采取明察和暗访相结合的方式，对《条例》实施和生活垃圾全程分类推进情况开展联动调研，做细做实监督调研，形成全市工作的整体推动。除此之外，在监督调研过程中，将引入第三方调查机构，重点对垃圾分类居民参与率、湿垃圾和可回收物分出量等变化情况开展量化的测评分析，为准确评价各级政府工作实效、精准提出工作对策建议提供参考和支撑。

专项监督坚持"四不两直"，针对生活垃圾分类管理中存在的短板和薄弱环节，通过抽查、暗访和"回头看"，及时了解问题解决落实情况，督促政府部门及时整改，实现监督闭环。专项监督需要坚持问题导向，切实解决瓶颈难题，进一步推进精细化管理。政府相关部门要通过正向激励和有效制约相结合,有针对性地解决难点堵点问题,系统推进生活垃圾全程分类管理工作。专项监督要结合固废法执法检查,加强市、区人大联动,集中高效开展专项监督。要充分发挥代表作用,发动市、区、乡镇三级人大代表广泛参与,提高监督工作的覆盖面,确保监督工作达到预期效果。

三、《条例》实施前汇集人民智慧

为保证垃圾分类工作取得实效,上海市政府及其有关部门认真考究关乎民生的每一个细微之处,认真研究、借鉴吸收人民的意见和建议,增强立法的科学性和可操作性。垃圾分类实施以来,居民垃圾分类参与率和准确投放率均超过95%,垃圾分类成效显著,已逐渐成为上海市民的肌肉记忆,在全国46个重点城市垃圾分类考核中排名第一。窥探其背后人民的力量则能见微知著,如围绕"生活垃圾分类",先后深入10个区、20多个住宅小区、10余家企业和数十个外地省市全链条展开调研,汇集民众智慧和经验;围绕《条例》草案举行立法听证会,在居民"家门口"直接听取意见等。

四、《条例》实施中凝聚各方合力

垃圾分类是一项系统工程,必须举全市之力、多管齐下,集各方智慧,形成全社会共同推进的强大合力。一是硬性规定必执行,生活垃圾分类标准确定，包括可回收物、有害垃圾、湿垃圾和干垃圾 4 类。二是充分利用画廊、板报、海报、电子屏等传统载体，以及手机 APP、微信公众号等新媒体、新技术，广泛开展生活垃圾分类的组织动员、宣传指导等工作。在全市 16 个区开展生活垃圾分类情况专项监督，强化各项监督管理机制和主体落实情况；采用图表图解、视频动漫、流程演示等多元化形式发布政策解读 13 件，着力畅通网络问政渠道，回复办理网上咨询投诉 482 件，切实解决公众和企业疑惑等；按照"应公开尽公开"的原则，2020 年共有 76 件建议提案主动公开，10 件建议提案依申请公开，办理公开率达到 90%，较 2019 年提高了近 30%；开设"垃圾分类""政府开放"专栏和"绿色上海"抖音、微信账号等，垃圾分类周年记推出"阿拉一道来"系列推文 52 篇，以百姓视角解读生活垃圾分类工作推进中的典型做法等，引导市民主动参与公共事务、让群众自己"说事、议事、主事"。三是与社会治理深度契合，深化群众自治。积极推动居（村）委会将生活垃圾分类要求纳入居（村）民自治章程、居民公约和村规民约，并广泛发动楼组长、活动团队负责人、社区志愿者等群众骨干力量，引导居（村）民自觉做好垃圾分类工作。四是配备相关配套设施。制定一系列配套细化的法律法规，对非法投弃、运输等行为进行严格监管。

更重要的是，上海市谨遵习近平总书记"城市管理应该像绣花一样精细"的指示要求，持续在智能化、精细化、落地化管理等多个侧面进行探索。如运用智能化的"数据战术"，垃圾分类实现"一网通办"和"一网统管"；构建了街区"一个平台、两支队伍、X 个行政管理部门"的"1+2+X"城市综合管理服务体系，将责任落实到"最后一米"和"最后一人"。在精细化理念的驱动下，2020 年上海市实现生活垃圾分类全覆盖。如规范化改造分类投放点 2.1 万余个；更新道路废物箱标识 4.1 万余只；配置湿垃圾车 1773 辆、干垃圾车 3287 辆、有害垃圾车 119 辆、可回收物车 364 辆；车容车貌整洁率超过 90%，完成 20 处非正规的生活垃圾堆放点整治；改造分类收运中转设施，推广智能回收设施，对全市市属和各区运营的 41 座大型中转站进行升级改造等。从落地的角度看，对单位和个人不履行生活垃圾分类义务、不落实生活垃圾分类责任等违规行为强化执法监管力度。如 2021 年第一季度，上海市各级城管执法部门共开展法律宣传 15280 次，其中进商场宣传 8337 次，进社区宣传 3504 次，进单位宣传 2858 次，进学校宣传 410 次，进收运处置单位宣传 171 次；依法查处生活垃圾分类案件 4586 起（单位未分类案件 3063 起、个人未分类案件 1523 起），罚款 112.84 万元；向征信平台推送 325 条生活垃圾分类违法用户信息，其中法人 94 条，自然人 231 条。此外，2020 年上海市针对垃圾分类市场监管部门共检查餐饮服务提供者 13.3 万余户次，发出责令整改通知书 484 户次，处罚 14 户次；文旅执法机构共检查场所 8409 家，责令改正 16 家等，能够有效提高居民垃圾分类的积极性和准确率，提升上海人民城市的生态宜居水平。

五、《条例》实施后的调查和分析

同济大学实施调查问卷包括 34 个问题，涵盖受访对象信息、《上海市生活垃圾管理条例》实施情况、公众意见和满意度等内容。还组织了生活垃圾"随手拍"活动，对生活垃圾投放场景进行随机拍照，从而为研究垃圾分类管理的成效提供真实、具体的依据。"随手拍"调查覆盖了社区垃圾箱房、垃圾分类投放点以及道路、写字楼、商场等公共场所共 121 个场景。

（一）上海市生活垃圾管理立法问卷调查

2021 年 8 月 10 日至 9 月 10 日，同济大学研究团队动员在校学生共发放了 1000 份调查问卷，就上海市生活垃圾管理立法的实施情况及效果展开调查。研究回收有效问卷 982 份，覆盖了上海全部 16 个市辖区。调查问卷包括 34 道选择题，主要由三大部分组成：调研对象基本情况、《上海市生活垃圾管理条例》实施情况、垃圾分类后评估及民众满意度（见附录）。受访者男女比例相当，年龄主要以中青年为主，约占 90%（图 6-2）。

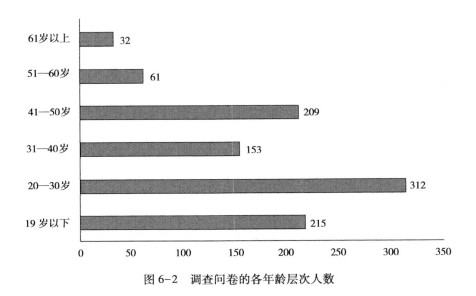

图 6-2　调查问卷的各年龄层次人数

问卷调查结果总结如下：

1. 《上海市生活垃圾管理条例》的现行规定得到了多数受访群众的接受和认同

《上海市生活垃圾管理条例》的现行规定得到了多数受访群众的接受和认同。居民垃圾分类参与率达到90%以上，超过60%的受访者认为垃圾分类四分法比较合理；约90%的受访者同意或非常同意定时定点投放、违规投放惩处等规定，但多数受访者建议延长定时投放的时间；垃圾分类推动源头减量的效果并不明显。60%以上的受访者认为分类前后家庭的生活垃圾产量没有变化甚至有所增加。快递、外卖包装等新兴废弃物投放频率高、增速快，为生活垃圾分类管理带来了挑战。

2. 社区生活垃圾分类服务设施规划合理、服务水平较为满意

社区垃圾箱房、垃圾桶等公共设施规划合理与否、物业及保洁人员服务社区能力与公众的生活息息相关，是影响社区公众生活品质的重要因素。

上海市社区垃圾分类设施的规划布局基本满足公众对环保又便利的社区生活的要求。问卷调查发现88%的社区分类投放点标识清晰，70%以上的小区有人值守且能够提供分类指导且服务态度较好；70%以上的投放点环境卫生比较整洁；住户前往分类投放点的步行时间平均在5分钟以内。生活垃圾"随手拍"调查显示社区及公共空间的垃圾分类配套设施齐全，垃圾投放场所的整洁率达到92%，仅个别场景存在卫生状况不佳或违规投放现象。

3. 公众垃圾分类意识提升显著，逐步践行绿色生活方式

超过90%的受访者逐步养成将可回收垃圾分开投放至分类回收

点按废品出售，并且可回收物的投放频率分布较为规律，大部分居民平均每月投放可回收垃圾 3 次左右。超过 88% 的受访者将快递包装分开投放至分类回收点或者选择按废品出售，大部分居民平均每月投放快递包装 2 次左右。超过 64% 的受访者将外卖餐盒分开投放至分类回收点或者选择按废品出售，大部分居民平均每月投放外卖餐盒 3 次以上。超过 86% 的受访者将废旧衣物分开投放至分类回收点或者选择按废品出售，大部分居民平均每月投放废旧衣物 3 次左右。

4. 存在问题

公众对垃圾分类回收技术存在误解。超过四成的公众认为垃圾分类后端技术落后，前端分类出的四类垃圾无法实现有效的回收利用。主要由于宣传不够、公众垃圾分类意识淡薄和没有系统的规章制度保障。为此需要加强垃圾转运、垃圾处置和资源化设施的透明化管理及公众互动，加强垃圾分类全流程的学校教育及科普宣传，推动垃圾分类新时尚体验馆、线上云参观、沉浸式体验平台等多维立体化的垃圾分类教育推广活动，使公众充分领会其垃圾分类行为的重要价值，增强人民群众的参与度和满意度，提高人民群众参与社会环境治理的获得感和幸福感。如图 6-3 所示。（1 表示非常不同意/非常不满意，2 表示不同意/不满意，3 表示中立，4 表示比较同意/比较满意，5 表示非常同意/非常满意）

垃圾分类收费制度接受率低。仅 32% 的公众可以接受《上海市生活垃圾管理条例》中提出的计量收费、分类计价的生活垃圾处理收费制度，如图 6-4 所示。垃圾收费的原则依据、征收办法等还需要进一步明确。由于我国没有直接向公众收取垃圾管理费用的传统，目前多数居民并不适应或认同垃圾收费制度。下一步应加强对垃圾产

问题：您对以下上海垃圾分类的现存问题的意见如何？

技术落后，及时分类也不能有效回收

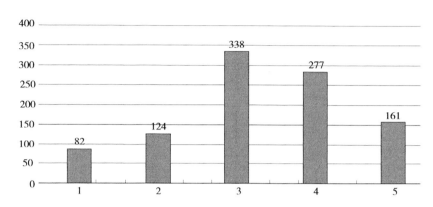

图6-3 居民对上海垃圾分类的现存问题的意见汇总

问题：您对《上海市生活垃圾管理条例》中提出的计量收费、

分类计价的生活垃圾处理收费制度是否接受？

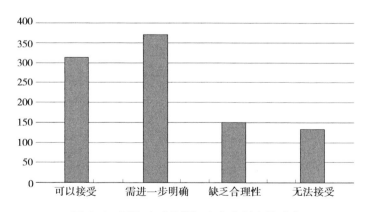

图6-4 居民对《条例》中收费制度的看法

生者付费原则的宣传和教育，积极开展试点小区、小额征收、计量征收等垃圾处理收费的改革实验，逐步过渡到规范化、普遍化的垃圾收费模式，充分体现"人民城市人民建，人民城市为人民"的重要理念。

垃圾定点定时投放时间有待商榷。约 90% 的受访者同意或非常同意定时定点投放，但 50% 以上的受访群众认为非工作日需要增加分类投放垃圾时长，如图 6-5 所示。

问题：您认为非工作日增加分类投放垃圾时长的必要性为？

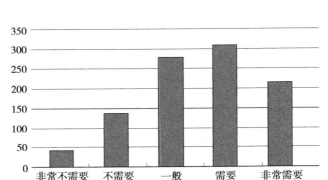

图 6-5　居民对非工作日增加垃圾投放时长的看法

垃圾分类推动源头减量的效果并不明显。60% 以上的受访者认为分类前后家庭的生活垃圾产量没有变化甚至有所增加。快递、外卖包装等新兴废弃物投放频率高、增速快，为生活垃圾分类管理带来了挑战。

5. 下一步需要开展的工作

第一，提升公民垃圾分类科普教育力度。前期上海市垃圾分类教育主要集中在宣传如何进行正确的分类，强化公众对不同种类垃圾的范围及含义的理解，效果显著，居民参与垃圾分类率高，但部分公众质疑垃圾分类回收利用技术。基于此，研究认为后期需要加强公众对当前国内外垃圾分类、垃圾贮存转运及再循环利用技术的科普教育，鼓励公众从科普层面多了解垃圾的前端、中端、末端的回收利用技术，并使公众了解自身在前端自主垃圾分类的重要意义。

此外，应加强对垃圾分类收费制度的科普教育。由于我国没有针对生活垃圾向普通公众收取管理费用的传统，导致当前多数公众不适应、不认同垃圾收费制度。但垃圾收费对于垃圾分类市场化来说是重要基础。建议从国外垃圾收费制度普及教育入手，加强公众对垃圾收费的原因和垃圾分类收费对整个垃圾回收行业的重要意义的认识，并鼓励从小数额征收垃圾分类管理费用逐步过渡到标准化、强制化的垃圾收费模式。

第二，倡导垃圾干湿两分，加强垃圾分类治理的闭路循环体系。目前，"四分法"是上海市采用的垃圾分类方法，也是 46 个试点城市主要采用的垃圾分类方式。它具有分类精准的优点，但存在分类范围过于精细、多城市多标准、推广性差等缺点。为了达到生活垃圾减量化、资源化、无害化的目标并提高公众分类效率，建议采用"干湿两分法"的分类方式。干湿两分法是一种易推广、易复制的垃圾分类方式，干垃圾即不易腐烂的垃圾，湿垃圾即易腐烂的垃圾。在干湿两分的基础上，强化"三全四流五制"的顶层制度设计，实现垃圾分类治理的闭路循环体系。"三全"：一是垃圾全程分类，从前端分类到分类运输到分类处置，整个体系要健全。如果不健全，有一个环节缺少，我们就坚持不下去。二是全主体，政府是主导，企业是主力，公众是主体，NGO 是主推，要把四方面力量发挥起来，全社会来共治。三是全品种，垃圾从物资流角度来讲，一个城市应该是作为整体系统来进行管理的，全品种以后就可以带来产业共生，可以降低处置的成本。"四流"：一"流"指的是废弃物资流向要合理。二"流"指的是物资流向过程中价值是增值的。三"流"指的是在做的过程当中，环境是无害的。四"流"指的是信息是透明的。物资流合理，价值流增值，环境流无害，信息流透明。要达到"三全四流"，必须政府释放制度，也就是"五制"。一是特许经营权的制度，二是空间补贴社会制度，三是减量补贴制度，四是生产者延伸制度，五是绿色采购制度。

第三，科技赋能垃圾分类，完善"互联网+"垃圾分类回收模式。"互联网+"垃圾分类回收模式是借助互联网、大数据、物联网技术，以鼓励、引导的方式来推广垃圾分类，促使居民养成良好习惯，主动践行垃圾分类活动，同时它又引入资本力量，兼顾了经济效益。

相比传统的垃圾分类回收方式具有较多优点，如积分奖励，激发居民垃圾投放积极性；网上预约，上门服务的回收方式效率更高；智能数据实时监管、反馈，管理工作精确高效。

受访对象中"互联网+"垃圾分类回收的使用率仅为25%左右，"互联网+"垃圾分类市场前景广阔，应鼓励并加强推广"互联网+"垃圾分类模式。调查发现绝大多数社区的垃圾分类以人工服务和督导为主，智能垃圾桶、智能箱房、自动回收箱等信息化设施还比较罕见。73%的调研对象从未使用过互联网上门回收服务，只有19%的人很少使用，5%的人经常使用。可见互联网回收服务的利用率和普及性不高，互联网与垃圾分类的结合还没有能够很好地进入居民的日常生活中去，有待进一步宣传普及。未来超大城市的垃圾精细化管理需要充分发挥科技的引领功能，积极鼓励并推广"互联网+"等垃圾分类模式，以更好地为人民服务。

（二）生活垃圾"随手拍"调查

生活垃圾"随手拍"是同济大学研究团队策划的一项活动方案，

旨在发动青年学生及环保公益爱好者利用手机、相机等拍摄器材，对身边的垃圾管理情况进行调查监督，逐步培养全民关注环境治理、参与垃圾分类的良好意识与浓厚氛围，服务于本书研究。研究团队发动同济大学在沪学生，于2021年暑假期间对多个不同场景的垃圾管理状况进行拍摄，覆盖了多处社区垃圾箱房、垃圾分类投放点以及道路、写字楼、商场等公共场所的分类回收箱。本次"随手拍"为随机抽样，为投放端的垃圾分类效果提供了参考。

17支实践队伍共拍摄121个场景的垃圾分类投放点，包括住宅小区场景92个，超市和便利店场景4个，餐厅场景2个，街道场景3个，商场场景5个，菜市场场景2个，企业办公场景2个，公园场景4个，地铁站场景4个，公交车站场景3个（图6-6）。在"随手拍"所调查的分类场景中，总体而言其状况令人满意，仅有8个场景存在分类标识不清或卫生状况不佳现象，其中7个为住宅小区，1个为公园（表6-4）。

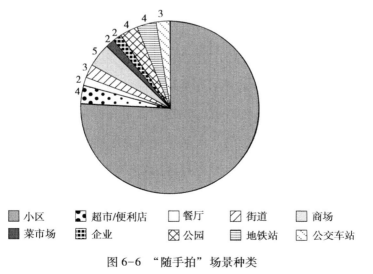

图6-6 "随手拍"场景种类

表 6-5　上海市生活垃圾"随手拍"场景卫生状况统计

场景分类	场景总数	分类标识规范、卫生状况较好	分类标识不清、卫生状况不佳
住宅小区	92	85	7
超市/便利店	4	4	0
餐厅	2	2	0
街道	3	3	0
商场	5	5	0
菜市场	2	2	0
企业	2	2	0
公园	4	3	1
地铁站	4	4	0
公交站	3	3	0
总计	121	113	8

（1）住宅小区

小区内场景共计92张，其中投放点场景78张，废旧衣物回收箱3张，可回收物自投点5张，宣传栏/宣传页5张，运输垃圾场景1张（图6-7）。拍摄社区均设置了分类垃圾桶，部分小区设置了误时投放垃圾桶，另外部分小区配有可回收物和废旧衣物回收箱，社区通过宣传栏，楼道公告，投放点的宣传动员社区居民参与垃圾分类，在投放时间段设置专人配合监督，整体具有较好的垃圾分类效果。

一是投放点。投放点场景78张，主要针对垃圾投放开放时间段、未开放时间段、误时投放垃圾桶三个部分的垃圾分类投放情况（图6-7）。其中7张为净手设施等配套设施图片，投放箱房（桶）图片71张，涵盖多个时间段（图6-8），其中以中午及下午拍摄图片居

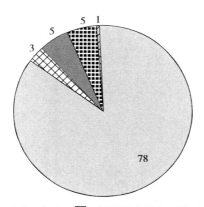

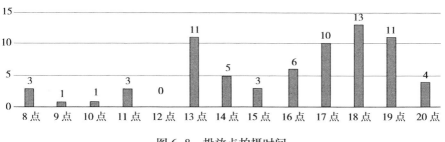

图 6-7 居住小区拍摄场景分类

图 6-8 投放点拍摄时间

多。其中，拍摄时处于垃圾投放开放时间段 51 张，未开放时间段 18 张，误时投放垃圾桶图片 2 张。

二是开放时间段。部分社区采取了定时定点投放制度，在垃圾投放点开放时间段设置有志愿者监督和指导，并对未进行分类的垃圾进行二次分拣。整体的分类效果较好，居民具有较高的主动性，在垃圾投放点会配备净手设施，诸如洗手台或者水箱，在部分图片中可以看出存在净手水箱卫生状况不佳导致使用率较低的问题。

三是未开放时间段。在投放点为未开放时间段，一般无人值守，

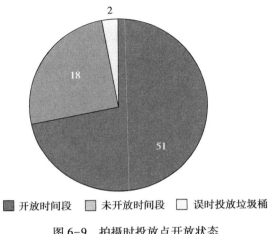

图 6-9　拍摄时投放点开放状态

部分小区在未开放时间段仍能保持整洁，未出现随意丢弃现象，也有部分小区存在未开放时间段随意丢弃问题。大部分小区箱房容量较大，标语清晰。垃圾分类箱房的清洁工作很到位，没有出现垃圾满溢的情况。同时因拍摄时间不是垃圾投放时间，没有专门的站点工作人员。

四是误时投放垃圾桶。有小区设置了生活垃圾误时投放点，可投放时间较长，无人值守，然而投放点分类情况和整洁程度均有待改进。如宜浩佳园小区设置在小区正门口附近的误时垃圾分类回收点。误时垃圾分类回收点的开放时间为早 7 点至晚 7 点 30 分，覆盖普通垃圾分类回收点的关闭时间。经观察，误时垃圾分类回收点相比普通垃圾分类回收点增加了有害垃圾回收箱以及干垃圾桶的数量，但工作人员对其的清洁周期较普通垃圾分类回收点更长，导致该回收点的总体整洁程度较差，有明显异味。

（2）宣传栏/通告

为配合开展垃圾分类开展工作，社区通过宣传栏张贴海报，垃圾分类红黑榜的方式督促社区居民积极践行垃圾分类，同时通过张贴垃圾分类投放点位置图帮助居民掌握投放位置和开放时间，形成良好的宣传氛围。

（3）废旧衣物回收箱

部分小区在市相关部门的组织下设立了废旧衣物回收环保箱，鼓励居民将废弃衣物，家纺等织物投放至回收箱，实现资源再利用。

（4）可回收物回收箱

在部分小区内有资源回收利用公司设置的智能回收箱或者社区内的公益自投点，其中智能回收箱为企业项目，需要打理和维护，本次活动中发现由于小黄狗回收公司营业状况不佳，其智能回收设备故障缺少维护无法使用，存在空间浪费现象。

（5）超市/便利店

超市和便利店垃圾分类状况较好，垃圾桶标识清楚，卫生状况较好。便利店垃圾桶分类明细主要包括湿垃圾的分类，标示清晰。

（6）餐厅

本次活动中拍摄到的餐厅垃圾分类状况较好，垃圾桶标识清楚，卫生状况较好。

（7）街道

本次活动中拍摄到的街道垃圾桶具有清晰的分类标识和较好的卫生状况，环境较整洁、无异味。

（8）商场

在本次随手拍活动中主要拍摄了徐汇区的梅陇购物中心和奉贤宝龙广场，环境整洁、无异味、垃圾分类标识清晰醒目、无人员值守。

（9）菜市场

菜市场垃圾投放点在值守人员的情况下保持较好的分类效果和卫生状况。

（10）企业

在本次随手拍活动中企业能够保持较好的垃圾分类效果，实施垃圾干湿分离投。环境较整洁、无异味、垃圾分类标识清晰醒目、无人员值守。

（11）公园

公园设置可回收物和干垃圾分类投放桶，具有清晰的垃圾分类标识，部分存在垃圾投放至箱外的情况。整体上环境比较整洁、无异味、垃圾分类标识清晰醒目，无相关工作人员值守。

（12）地铁站

地铁站内垃圾分类情况较好，设有可回收物和干垃圾投放桶，具有清晰的垃圾分类标识，卫生状况较好。

（13）公交车站

本次活动中拍摄到的公交车站保持较好的分类效果和卫生状况。

根据"随手拍"调查可以看出，社区垃圾分类已取得明显突破，为了巩固垃圾分类管理成果，需要在源头投放端进一步做好以下工作：

第一，巩固居民分类习惯。垃圾分类问题实质上是习惯问题，目前居民分类自主性较低，督导和不督导效果差异明显，垃圾分类督导员在时，居民能做到规范投放，但无人监督时有可能出现非投放时间投放垃圾和垃圾混投现象。需要通过法律规范和宣传引导，进一步提升居民垃圾分类意识，养成垃圾分类习惯。居民是垃圾分类的主体，要积极为居民提供便于分类投放的条件，并在宣传上开展正向引导，不断提升垃圾分类的主动性，形成垃圾分类习惯，才能让垃圾分类政策稳扎稳打，步步为营，久久为功。

第二，完善投放点配套设施。在本次活动中发现投放点配套设施仍待健全，诸如并未配备净手设施，或者配备的净手设施缺少维护导致使用率低下问题，以及部分投放点为露天环境，导致下雨天投放垃圾不便，且污水容易造成地面污染。社区应为居民投放垃圾设想，营造更为便利亲民的投放环境。

第三，优化投放点规划。投放点在地理位置选择上应考虑全体居民的便利问题，在本次活动中发现某小区只设置了一处投放点，可回收物投放箱、废旧衣物投放箱与垃圾分类投放点均在同一位置，给部分小区居民投放带来不便。在时间的设置上，应在社区做充足的群众调查，了解小区居民诉求，某小区另单独设置误时投放垃圾桶不失为一种创新。

根据调查问卷发现，上海市自实施"史上最严"生活垃圾分类以来，虽然取得了多项成效，但是仍处于"硬约束"时代，政府包揽式管理、人民依然是"要我分""定点定时分"的被动参与，均未能体现"原汁原味"的民意。推动城市生活垃圾治理，需要"破圈"，这是因为人人都是垃圾的产生者，人人都是垃圾的受害者，人人都是垃圾的处理者，城市生活垃圾治理需要人民的参与，推行城市生活垃圾分类也是为了人民共享生态宜居的环境。特别是在垃圾分类的下一个阶段，面临如何巩固垃圾分类习惯，如何切实提升垃圾资源利用率等难题，更加依赖于人民的有序参与，更需要深入践行"人民城市"的重要理念，推动上海市生活垃圾改造升级为 3.0 版。

第 七 章

结　语

　　城市环境治理是国家治理体系和治理能力现代化的重要内容，一头连着城市的整体发展，一头连着百姓的美好生活，如何才能用好"人民城市"重要理念，握指成拳、形成合力，以推进城市治理现代化？必须清楚认识到，推进城市环境治理，根本目的是提升人民群众获得感、幸福感、安全感；要着力解决人民群众最关心最直接最现实的利益问题，不断提高公共服务均衡化、优质化水平；要构建和谐优美生态环境，把城市建设成为人与人、人与自然和谐共生的美丽家园。

一、完善顶层设计，强化"人民城市"环境治理的制度保障

（一）坚持党的领导核心地位

　　城市工作在党和国家工作全局中具有举足轻重地位。推进城市环境治理体系和治理能力现代化，必须毫不动摇地坚持党的领导。办好

146

中国的事情，关键在党。坚持和加强中国共产党的领导是推进新时代环境治理保持社会主义方向不断前行，确保现代化城市建设和发展具有中国特色的根本保证。在新时代，深刻认识到党的领导是驱动中国走向现代化的内在要求，为中华民族伟大复兴提供科学的行动纲领，不竭的价值动力和强大的组织保证，更加深刻认识到城市是我国经济、政治、文化、社会等方面活动的中心，城市环境治理是中国特色社会主义现代化建设的重要引擎。历史和实践证明，中国共产党是推动中国城市建设和发展的领导力量，是推进城市治理体系和治理能力现代化的领导核心。坚持党的科学领导、依法领导、精细化领导、民主领导，全面提升人民参与城市环境治理现代化的水平、规范化程度、治理效能、践行初心使命的力度。坚持党建为"魂"，夯实引领功能，推进党建和城市环境治理深度融合。在引领功能上，充分发挥城市环境治理体系中党建引领的核心作用，发挥党领导下的整体性治理的优势。要明确"党建+环境治理问题"的导向，聚焦人民群众亟待解决的现实问题，依凭城市环境治理的特点和规律，通过党建引领实现政府、社会、市场、民众等力量的集聚，构建城市环境治理的制度化规范，形成环境治理的协同效应。推进城市环境治理现代化，高举"党建引领"旗帜，不断深化"一线工作法"，健全网格化管理，调动各方积极性。

（二）遵循以人民为中心的发展思想

从 2015 年召开的中央城市工作会议上，习近平总书记反复强调，"坚持以人民为中心的发展思想，坚持人民城市为人民。这是我们做好城市工作的出发点和落脚点"①。人是城市最关键的因素，城市治理必须将人本价值放在首位。2017 年习近平总书记视察北京城市规划建设工作时指出，"城市规划建设做得好不好，最终要用人民群众满意度来衡量"，将以人民为中心的发展思想体现在城市建设的各个环节，要更加注重老百姓的感受，关注脚下的感觉、眼前的感觉、手边的感觉，关注视角更加有温度。到 2019 年 11 月，习近平总书记考察上海时，提出"人民城市人民建，人民城市为人民"重要理念，深刻回答了城市建设发展依靠谁、为了谁的根本问题，深刻回答了建设什么样的城市、怎样建设城市的重大命题②，为深入推进人民城市建设提供了根本遵循。再到 2020 年 5 月 28 日，十三届全国人大三次会议表决通过《中华人民共和国民法典》，将于 2021 年 1 月 1 日起施行。再到 2020 年 6 月 23 日，上海市通过《中共上海市委关于深入贯彻落实"人民城市人民建，人民城市为人民"重要理念，谱写新时代人民城市新篇章的意见》等一系列指示和文件，标志着人民群众的需求是当下及未来城市治理的根本方针。高度关注人民群众的环境需求，合理供给高品质生态空间资源，公平保障人民群众的享有权利，是城市环境治理领域改革的方向和最有效的供给侧改革，也是城市环境治理领域对中央精神的最有力回应与落实。"人民城市"重要理念是"以人民为中心"思想在城市治理问题上的具体体现和实际运用。坚持这一思想，就应该在城市治理中坚持以人为本，把群众的向往作为治理的方向，把群众的需求作为治理的追求，把群众的痛点

---

① 《十八大以来重要文献选编》下册，中央文献出版社 2018 年版，第 78 页。
② 奚建武：《"人民城市论"的逻辑生成与意义呈现——习近平关于城市建设和发展的重要论述研究》，《上海城市管理》2022 年第 1 期。

作为治理的重点，把群众的感受作为检验治理成效的标尺，全力打造"街区宜漫步、建筑可阅读、城区有温度"的工作生活环境，彰显人民城市的宜居魅力。

（三）深化城市环境管理体制机制改革

改革创新，是发展的原动力，只有坚持改革，才能突破瓶颈，不断前进。在体制机制上再放活、再创新、再突破，旨在激活城市治理的每一个"细胞"活力。"十四五"时期，我国进入新发展阶段，由于发展要求、发展目标、发展环境等的变化，伴随国家治理体系的深入推进，人民城市的环境治理的体制机制存在不少问题，也需要作出适应时代的改革与调整。高效、稳定的管理体制，是人民城市建设实现高品质生态生产生活空间目标的必要条件和保障。探寻将制度优势转化为治理效能的战略举措，深化上海市环境管理体制机制改革，就要围绕人民城市高品质生活建设，聚焦"功能完备、体系健全、生态宜居、交通便利、治理高效"，以"人民城市"理念为指引，以环境政策为杠杆，建立健全党委政府统筹协调、各部门协同，运行高效的城市管理体系，吸纳公众参与治理，激发环境治理的活力，在补漏洞、补短板基础上，积极探索人民城市环境治理新模式，切实通过深化改革，实现人民城市环境治理现代化。如深化城市管理体制改革，推进城管执法力量下沉基层，让"看得见的管得了、管得了的管得好"。坚持依法治理，善于用法治思维法治办法解决城市环境管理顽症难题，加强城市管理执法队伍建设，推进严格规范公正文明执法。要实现问责与激励均衡优化。环境治理要问责精准，避免"我摔了碗，你得赔个碟子"，问责不泛化；要完善激励机制，引导环保工作人员从群众的利益出发，给予优秀者以肯定和嘉奖；制定系统化的考核标准，将环境保护纳入干部考核体系，并公示于众。

（四）加快构建现代环境治理体系

构建现代环境治理体系是实现国家环境治理体系和治理能力现代化的关键一招，也是推进生态文明、建设美丽中国的必由之路。持续深化生态环境机构监测监察执法垂直管理制度改革，全面依法加强排污许可管理，完善法律法规标准体系，持续推进重点污染源自动监测，持续推动重要生态功能区、长江苏州河等大江大河生态保护补偿，配合建立健全生态产品价值实现机制等，如完善城乡垃圾治理体系，切实提升城乡环境卫生管理水平。要加快生物质能源的投入、可回收物的资源化利用和餐厨垃圾无害化处理利用，建立规模化、系统化的垃圾回收体系和全链条治理体系。借助多种环境治理手段，综合利用行政手段和法制手段，制定并完善各领域、区域、环节的环境保护的法律法规，统一污染防治和生态环境保护执法，同时利用市场手段的优势，紧盯"双碳"目标，建设完善各项碳减排、碳普惠等市场，引导资本参与环境管理。此外，还要借助信用手段，完善企业环保信用评价制度，严格依法依规公平公正公开。由此，整合各项治理手段，形成治理环境污染、推动绿色转型的强大合力。

二、树立系统思维，强化"人民城市"环境治理的全周期管理

我国目前面临着中华民族伟大复兴的战略全局和世界百年未有之变局，我国社会主要矛盾发展变化出现了新特征新要求，错综复杂的国际环境带来了新矛盾新挑战，有必要树立系统思维，树立"全周期管理"意识，加强和创新城市治理的新发展格局。所谓"全周期管理"是指治理体系形成一个前期预警决策、中期应对执行、后期监督执纪问责的管理体系。习近平总书记指出，"要树立全周期管理意识，加快推动城市治理体系和治理能力现代化，努力走出一条符合超大型城市特点和规律的治理新路子"。"全周期管理"是完善城市治理体系、更好满足人民群众美好生活需要的重要举措，能够推进城市治理体制机制建设的科学化水平，避免出现"铁路警察各管一段"的局面。"全周期管理"蕴含了系统治理的理念，要求城市治理必须立足于城市发展现状，尊重城市发展的基本规律，统筹城市发展全局。习近平总书记在2015年12月中央城市工作会议上深入阐释了系统治理理念的具体内容，即城市建设和发展要统筹空间、规模、产业三大结构，统筹规划、建设、管理三大环节，统筹改革、科技、文化三大动力，统筹生产、生活、生态三大布局，统筹政府、社会、市民三大主体。城市环境治理是一个复杂的系统，需要运用系统的思维，以发展的联系的观点把握城市环境治理的规律，就是要构建一个包含前期规划、中期建设、后期维护的系统化、精细化全生命周期管理闭

环过程，并"实现全民性、全时段、全要素、全流程的城市治理"。坚持以"人民城市"重要理念推进环境治理现代化，必须从系统观念出发，树立"全周期管理"意识，既要有系统性的整体格局，又要从精细化的小处着眼，以全流程闭环管理格局统筹城市环境治理。

实施"全周期管理"，归根结底就是要把制度优势转化为治理效能，把更好满足人民群众美好生活需要落实到城市治理的每一个环节。一是科学规划，全方位统筹城市环境治理。站在整体谋划和全盘考虑的角度，将城市看作一个大的共同体，统筹规划、建设、治理三个大局，充分发挥"人民城市"重要理念的引领作用，遵循城市发展开发和环境保护之间的规律，走绿色、低碳、循环的高质量发展之路，着力形成系统、高效、完备的环境治理体系，推动城市建设和环境治理相融合。二是系统协同，全局性推动城市环境资源整合。坚持"人民城市"重要理念，推进城市环境全周期治理，要求坚持以人民需求为导向。优化空间布局，高效整合行政资源和保障资金，形成多主体参与的城市环境治理共治同心圆，发挥人民群众的智慧和力量，构建政府、市场和社会相协同的治理载体。三是精细治理，全要素细化城市治理标准规范。建立健全城市环境精细化治理的法律法规，开展专项治理、高效运行和精准施策，满足不同区域人民群众的需求，将精细化落实到城市治理的全过程、各区域，将精细化环境治理所释放的城市红利惠及全体人民。

三、创新治理方式，增强"人民城市"环境治理的动力源

（一）强化数字赋能，推动"智慧治理"

当前，我国数字经济正进入全面发展的新时代，互联网、大数据、云计算、人工智能、区块链等技术加速创新，日益融入经济社会发展各领域全过程，并成为高质量发展的重要引擎。数字经济不仅是新的经济增长点，而且是改造提升传统产业的支点，有利于推动构建新发展格局。对于生态环境保护工作来说，以数字化赋能生态环境治理，既能顺应新形势下数字经济发展趋势和规律，也能为精准治污、科学治污、依法治污提供支撑，为生态环境治理体系和治理能力现代化提供新的方法路径。数字技术是推动城市治理能力现代化的重要路径，是提升国家治理体系和治理能力现代化的重要基础。数字赋能城市治理，目的在于打造经济、资源、环境和文化相互协调的可持续发展之城。城市环境治理现代化与大数据、云计算、区块链、人工智能等前沿技术的发展和突破息息相关。依托5G、大数据、区块链、物联网、人工智能等现代技术，以算法和算力建设为抓手，推动城市管理、城市交通、社会安全、大气生态等重点领域新场景建设，实现数据互联互通。提升精细化城市管理效能运用新一代信息技术构建环境治理综合服务平台，由主管部门牵头，加强各部门之间的高效协同，实施"一网统管"，融"全周期管理"意识于城市环境治理的方方面

面，从群众关切的小事入手，运用"互联网+环境整治"，一张蓝图绘到底，让数据多跑路，提高为群众办事的效率。

（二）防范与处置并行，提高风险治理水平

伴随城市化进程的快速推进，城市规模的逐渐扩大，城市治理的复杂性不断凸显，各种风险与挑战接踵而至，对城市的风险治理水平提出了更高的要求。

加快构建城市风险治理体系是一项复杂性、系统性、全局性的工程，需要深刻把握城市风险的特点和结构，将风险预防和安全保障落实到城市工作和发展的各个环节与领域，不断提高城市风险治理的水平和能力。推进城市风险治理体系和治理能力现代化要立足应急管理改革进入"深水区"这一实际，着眼未来，紧扣改革认知、责任落实、智慧治理等关键环节，扎实推进城市风险治理。深入推进应急管理机构改革；不断推进实施灾害风险调查和重要隐患排查工程；加速推进灾害风险监测预警信息化制度建设；积极培育风险文化，用社会共治思维进行风险应对。健全和完善城市环境治理的运行管理方式，对于极端天气或突发事件造成的环境风险，及时源头管控、过程监测、预报预警、应急处置和系统治理。如在疫情期间，对医疗废弃物及时安全处置，加强公共卫生环境的综合治理能力，保护居民的生命安全。

（三）下沉综治力量，提升治理效能

城市环境治理不可忽视基层社区的作用，要推动城市环境治理的

重心和配套资源向街道社区下沉，聚焦基层党建、城市环境管理、社区环境治理和公共服务等主责主业，发挥其"底数清、情况明、信息准"的优势，整合审批、服务、执法等方面力量，面向区域内群众提供精准化、精细化的服务，切实打通综治服务管理"最后一公里"，真正实现群众诉求"事事有回应，件件有落实"，进一步提升基层社会治理效能。持续加强城市环境整治，解决影响居民生活的城市治理"顽疾"，推动城市管理工作从"治脏、治乱、治差"向"精细、规范、长效"转型。如持续推进道路维护和路灯复明工程，加强排水设施改造、城市园林绿化整治、城市市容市貌整治，继续深入推进公园、广场、景区景点文明建设，推进志愿服务工作。坚持问题导向，以"人民城市建设"为契机，补短板，强基础，突出精细化管理，加强城市环境卫生及市政设施整治，加速实施环卫精细化作业提升，以钉钉子精神做好"关键小事"，以"绣花"功夫实施精细管理，推动环境治理提档升级。如对群众反映强烈的脏乱差等突出问题持续开展治理，实现"有乱必治、有差必整"的长效动态管理目标，彻底清理市容死角，让城市环境保持整洁、干净、优美、有序。

四、凝聚全民共识，构建"人民城市"社会治理的新格局

（一）群众参与共治，实现全员化

城市精细化管理到城市治理，从"管"到"治"，一字之差，但

所体现的思想导向明显转变，最根本的区别在于市民群众不再是被管理的对象，而变成了参与城市治理的主体之一，每一位市民都是城市环境治理的参与者和见证者。随着以网络、大数据、人工智能为代表的新信息技术带来的社会变革，推动人类社会由中心化、层级型金字塔型治理向去中心化、整体型球型治理转变，已经成为一种趋势。在球型治理结构中，人民既是城市环境治理的主体也是环境治理的对象，人民可以提出诉求，参与决策、执行、管理、监督，从而推动相关问题的解决。打一场城市环境治理工作的人民战争，就必须明确以多元主体共同参与为核心的城市环境治理方针。动员全体市民共同参与，引导社会组织、辖区单位、居民商户等多方力量参与到城市环境治理中，把市民和政府的关系从"你和我"变成"我们"，从"要我做"变为"一起做"，尊重市民对于城市发展决策的各项基本权利，积极参与到城市的建设和治理当中，真正做到共建共治共享。如强化环境信息的沟通和表达，拓宽政府和群众的沟通交流渠道，畅通民意反映渠道，健全监督网络，实现决策民主化。实行"一网通办"，既要及时了解人民群众对于环境的所需所求所想，又要让人民群众了解和监督政府在环境治理方面所做的工作和环境保护的实效，强化双向沟通。

（二）持续宣传教育，实现长效化

聚焦蓝天、碧水、净土清废三大污染防治攻坚战，"双碳"目标等，加强新闻宣传、新媒体矩阵等各项工作，如利用新闻宣传坚持把"两山"理论、"人民城市"重要理念贯彻落实到生态环境保护的各领域和全过程等。一是培育绿色消费理念。环境治理的关键在于绿色消费，通过电视、广播、报刊、公益宣传等传统媒体渠道+社交媒体平台、综艺娱乐节目、在线零售电商平台、直播带货、明星博主、意见领袖等新媒体渠道，宣传低碳绿色消费的相关内容。持续推进绿色消费宣传教育进机关、进学校、进企业、进社区、进农村、进家庭，引导开展节粮、节水、节电和绿色购物等活动。二是打造"人民城市"示范区。践行"人民城市"重要理念，如杨浦滨江的华丽转型，成为环境治理的样板工程和生态文明文化输出的现实载体。三是成果集成展示。围绕"人民城市"重要理念指导下的环境治理，可以设置一系列主题公园、体验馆、展示馆等实物形态的历史集成和实践经验的理论总结，如杨浦滨江人民城市建设规划展示馆，帮助参观者全面了解人民城市重要理念的历史脉络与科学内涵。

附　录

《上海市生活垃圾管理条例》实施情况
的调查问卷

一、调研对象基本情况调查

1. 您的性别是？

选　项	小计
男	405
女	577
本题有效填写人次	982

本次调查问卷共发放问卷982份，收回有效问卷982份，其中调查对象为男性的调查问卷405份，占比41.24%，调查对象为女性的调查问卷577份，占比58.76%，男女占比例较为适中。

2. 您所在的年龄段是？

选　　项	小计
19 岁以下	215
20—30 岁	312
31—40 岁	153
41—50 岁	209
51—60 岁	61
61 岁以上	32
本题有效填写人次	982

本次调查问卷共发放问卷 982 份，收回有效问卷 982 份，其中调查对象在 19 岁以下调查问卷 215 份；占比 21.89%，20—30 岁调查问卷 312 份，占比 31.77%；31—40 岁调查问卷 153 份，占比 15.78%；41—50 岁调查问卷 209 份，占比 21.28%；51—60 岁调查问卷 61 份，占比 6.21%；61 岁以上调查问卷 32 份，占比 3.26%，其中中青年占比较多。

3. 您所在的区域是?

选　　项	小计
黄浦区	121
徐汇区	15
长宁区	101
静安区	26
普陀区	8
浦东新区	209
虹口区	9

续表

选　项	小计
杨浦区	24
宝山区	57
闵行区	193
嘉定区	10
金山区	3
松江区	13
青浦区	112
奉贤区	75
崇明区	4
本题有效填写人次	982

　　本次调查问卷共发放问卷 982 份，收回有效问卷 982 份，调查区域涉及全上海市 16 个区，涉及面较广且比较全面，其中黄浦区 121份，长宁区 101 份，浦东新区 209 份，闵行区 193 份，青浦区 112份，所占比重较大。

　　4. 您的教育程度为？

选　项	小计
小学	8
初中	69
高中	136
大专	154
本科	550

续表

选　　项	小计
硕士研究生	58
博士研究生	7
本题有效填写人次	982

本次调查问卷共发放问卷982份，收回有效问卷982份，其中接受高等教育的知识分子所占比重较大，共调查905人，占比为92.16%。

5. 您的家庭人口数为？

选　　项	小计
独居	37
3口人及以下	474
3—5口人	407
5口人及以上	64
本题有效填写人次	982

本次调查问卷共发放问卷982份，收回有效问卷982份，其中以三口人及以下为主，共有511份，所占比52.04%，3—5口人次之，共有474份，所占比41.45%与小区房型应该有关。

6. 您的家庭平均年收入水平为？

选　项	小计
20 万元以下	377
20 万—50 万元	416
50 万—80 万元	153
80 万—100 万元	40
100 万元以上	6
本题有效填写人次	982

本次调查问卷共发放问卷 982 份，收回有效问卷 982 份，其中家庭平均年收入水平为 80 万元以下居多，共有 606 份，所占比重为 61.71%，100 万元以上最少。

7. 您的职业为?

选　项	小计
公务员	21
事业单位（学校、科研机构等）人员	142
企业单位人员	220
企业主/个体工商业者	20
农民	14
自由职业者	40
在校学生	352
离退休人员	46
无业（失业）	7

续表

选　项	小计
家庭全职太太/先生	16
其他	8
本题有效填写人次	886

本次调查问卷共发放问卷 982 份，收回有效问卷 886 份，其中公务员、事业单位人员、在校学生居多，这业余调查问卷的年轻多为中青年，且多为接受高等教育的知识分子有关。

8. 您的住房情况为？

选　项	小计
自有住房	346
与亲人合住	543
单独租房	53
与他人合租	40
本题有效填写人次	982

本次调查问卷共发放问卷 982 份，收回有效问卷 982 份，其中与亲人合住居多，共有 543 人，所占比重为 55.30%，其次是自有住房，共有 346 人，所占比重为 35.23%。

二、《上海市生活垃圾管理条例》实施情况调查

（一）垃圾分类认识

9. 依据《上海市生活垃圾管理条例》，本市垃圾分类主要分为干垃圾、湿垃圾、可回收物和有害垃圾，您认为上海市垃圾分类四分法是否合理？

选　　项	小计
过于烦琐	63
可以简化	162
非常合适	600
可进一步增加品类	158
本题有效填写人次	982

对于垃圾分类的四分法的调查，本次调查问卷共发放问卷 982 份，收回有效问卷 982 份，认为非常合适的有 600 人，占调研对象的比重为 61.10%，绝大多数的调研对象认为上海市垃圾分类四分类法非常合适。可见上海市垃圾分类四分法已深入人心，在日常实践中证明了其合理性。

10. 上海市实施垃圾分类以来，您认为所在家庭垃圾平均日产生总量如何变化？

选　　项	小计
明显减少	106
轻微减少	276
没有变化	555
持续增加	45
本题有效填写人次	982

对于家庭垃圾平均日产生总量的调查，本次调查问卷共发放问卷982份，收回有效问卷982份，认为明显减少或者轻微减少的共有382人，所占调研对象的38.9%。认为家庭垃圾平均日产生总量没有变化的为555人，所占调研对象的56.52%。上海市实施垃圾分类以来，近一半调研对象认为所在家庭垃圾平均日产生总量没有变化，约1/3认为轻微减少，1/5认为明显减少，极少数认为持续增加。可见上海市垃圾分类有一定成效，但仍需要坚持不懈，久久为功，努力向建设循环经济社会的目标迈进。

11. 您认为垃圾分类中的主要责任主体是谁？

选　　项	小计
市政府相关部门	107
区政府相关部门	77
街道办事处	103
居委会	33
单位及个人	562
本题有效填写人次	982

对于垃圾分类中的主要责任主体的调查，本次调查问卷共发放问卷 982 份，收回有效问卷 982 份，其中占比较大的认为垃圾分类的主要责任主体是单位和个人，共有 562 人，所占比重为 57.23%，由此认为大部分调研对象认为垃圾分类中主要责任主体是单位及个人，说明大家还是比较认可垃圾分类要从自己做起的。可见居民垃圾分类的责任和意识较强，《上海市生活垃圾管理条例》的实施已深入人心。但仍有部分居民认为最大责任主体是政府、街道、居委等管理部门，说明垃圾分类法律法规的普及度还有待进一步提升。

12. 您对《上海市生活垃圾管理条例》中提出的计量收费、分类计价的生活垃圾处理收费制度是否接受？

选　　项	小计
可以接受	314
需进一步明确	373
缺乏合理性	152
无法接受	133
本题有效填写人次	982

对于《上海市生活垃圾管理条例》中提出的计量收费、分类计价的生活垃圾处理收费制度的调查，本次调查问卷共发放问卷 982 份，收回有效问卷 982 份，认为可以接受的有 314 人，所占比重为 31.98%，需要进一步明确的有 373 人，所占比重为 37.98%。大多数人认为关于收费需要进一步明确，说明大家认为该项制度，内容较为模糊。我们在进行发放问卷时，有人提问不明白相关收费制度是什么，可能大家对此了解也不够深，此题也有许多人向我们进行询问。

有部分人认为其缺乏合理性，甚至无法接受。可见生活垃圾处理收费制度还需多加考量修改，应进一步明确并优化。

13. 您是否使用过互联网上门回收服务，如支付宝中的易代扔等小程序？

选　　项	小计
从未使用过	714
很少使用	191
经常使用	55
一直使用	22
本题有效填写人次	982

对于使用过互联网上门回收服务，如支付宝中的易代扔等小程序等的调查，本次调查问卷共发放问卷 982 份，收回有效问卷 982 份，从未使用的为 714 人，所占比重为 72.71%。可见大多数调研对象从未使用过互联网上门回收服务，小部分人很少使用，极少数经常使用。说明绝大多数人没有接触过或不清楚，可见互联网上门回收服务的利用率和普及性不高，可见互联网与垃圾分类的结合还没有能够很好地进入居民的日常生活中去，有待进一步宣传普及。

14. 上海市实行了垃圾分类的奖惩制，您认为更能促进市民依法进行垃圾分类的方式是？（1 表示非常不同意，2 表示不同意，3 表示中立，4 表示比较同意，5 表示非常同意）

题目＼选项	1	2	3	4	5
奖励出色完成垃圾分类的市民	49	35	173	263	462
惩罚不依法完成垃圾分类的市民	54	90	236	272	330
两者并行	56	43	209	287	353

对于上海市实行了垃圾分类的奖惩制，哪种方式更能促进市民依法进行垃圾分类的调查，本次调查问卷共发放问卷982份，收回有效问卷982份，对于奖励出色完成垃圾分类的市民的措施，大多数调研对象认为能促进市民依法进行垃圾分类，共有462人非常认同，所占比重为47.05%；对于惩罚不依法完成垃圾分类的市民的措施，大多数调研对象认为能起到促进作用，但有较多人持中立态度；对于两者并行，大多数人支持，也有部分人持中立。可见垃圾分类的奖惩机制的推行可以促进垃圾分类的实施。

15. 将有害垃圾与可回收物、湿垃圾、干垃圾混合投放，或者将湿垃圾与可回收物、干垃圾混合投放的，拒不改正的，将受到处罚。您认为以下惩罚方式是否合适？（1 表示非常不同意，2 表示不同意，3 表示中立，4 表示比较同意，5 表示非常同意）

题目＼选项	1	2	3	4	5
处五十元以上二百元以下罚款	108	89	235	254	296
在小区垃圾投放点担任临时志愿者累计3小时	101	60	239	274	307
受处罚3次以上加入失信名单	168	182	245	197	190

对于将有害垃圾与可回收物、湿垃圾、干垃圾混合投放，或者将

湿垃圾与可回收物、干垃圾混合投放的，拒不改正的，将受到处罚惩罚方式的调查，本次调查问卷共发放问卷 982 份，收回有效问卷 982 份，对于处五十元以上二百元以下罚款、在小区垃圾投放点担任临时志愿者累计 3 小时、受处罚 3 次以上加入失信名单这三种处罚方式，大多数调研对象表示同意。相较于另外两种处罚方式，在小区垃圾投放点担任临时志愿者累计 3 小时更为人接受。可见社区居民更倾向于义务志愿劳动的惩罚方式，有利于减少垃圾分类的违法行为。这可能是因为罚款和失信名单对居民日后的生活和发展造成不便，居民并不愿意接受此种惩罚，而相比之下临时志愿者更在可接受范围内。

由上述两题可见，对于奖励大家大多都持赞同意见，而对于惩罚赞同的人数就少了许多，在惩罚内容上大家最支持的是志愿服务。

16. 以下问题关于社区垃圾分类服务，1 表示非常不满意，2 表示不满意，3 表示中立，4 表示比较满意，5 表示非常满意。

题目 \ 选项	1	2	3	4	5
我所居住的社区内，居委会/物业定期进行垃圾分类的组织动员	46	121	283	298	234
我所居住的社区内，居委会/物业定期进行垃圾分类的宣传教育	38	64	280	349	251
我所居住的社区内，有通过线上或线下交易等方式促进闲置物品再使用的便民服务	86	190	291	218	197

对于社区垃圾分类服务的调查，本次调查问卷共发放问卷 982 份，收回有效问卷 982 份，关于社会垃圾分类服务，大多数调研对象较为满意，部分人保持中立态度。可见居委会和物业定期进行垃圾分类的组织动员、宣传教育，有通过线上或线下交易等方式促进闲置物品再使用的便民服务，且普及面较广。仍有少数人员不满意，说明社区垃圾分类服务有待进一步优化提升。

综上，八个问题可体现出上海市宣传和实施垃圾分类，并已取得一定成效，本社区推行相应的便民服务，生活垃圾分类已深入人心。但也暴露出个别居民对于垃圾分类没有责任感，线上垃圾回收服务没有充分利用，可见宣传普及工作仍有进步空间。

（二）垃圾分类实施期间（设施、人员）

17. 您从家门步行到垃圾投放点的时间为？

选　　项	小计
<2 分钟	388
2—5 分钟	492
5—10 分钟	71
>10 分钟	31
本题有效填写人次	982

对于从家门步行到垃圾投放点的时间的调查，本次调查问卷共发放问卷 982 份，收回有效问卷 982 份，从家门步行到垃圾投放点的时

间的认为少于 2 分钟或 2—5 分钟之内的共有 880 人，所占比重为 89.61%，所以绝大多数调研对象从家门步行到垃圾投放点的时间在 5 分钟以内，说明社区内垃圾投放点的设置具有合理性，方便社区居民每日投放生活垃圾。

18. 您所在社区中，垃圾分类收集容器的标识是否清晰醒目，易于辨识？

选　　项	小计
无标识或标识被遮挡	39
标识不够清晰	83
标识比较清晰	350
标识很清晰	510
本题有效填写人次	982

对于所在社区中，垃圾分类收集容器的标识是否清晰醒目，易于辨识的调查，本次调查问卷共发放问卷 982 份，收回有效问卷 982 份，认为标识比较清晰或者很清晰的有 545 人，所占比重为 55%，因此绝大多数调研对象认为垃圾分类收集容器的标识清晰醒目且易于辨识，说明社区内垃圾投放点的布置具有合理性，方便社区居民正确倾倒垃圾。仍有部分居民认为不清楚，说明在垃圾分类的标识方面还有进步空间。

19. 垃圾投放点是否有净手服务？［多选题］

选　　项	小计
有纸巾	138
有湿巾	75
有洗手池	568
皆无	201
本题有效填写人次	982

对于所在社区中，垃圾分类收集容器的标识是否清晰醒目，易于辨识的调查，本次调查问卷共发放问卷 982 份，收回有效问卷 982 份，大多数调研对象表示垃圾投放点有洗手池，共有 568 人，所占比重为 57.84%，但纸巾和湿巾并不配备，小部分表示皆无。结合实地走访发现，社区内各垃圾投放点位是配有洗手池的，说明可能是因为部分点位净手设施不醒目，导致居民未注意到。说明社区垃圾分类衍生出的净手服务仍需优化。

综上，三个问题可体现出社区内生活垃圾分类设施较为完备，垃圾投放点设置相当合理，垃圾分类标识较为清晰。但个别细节（如净手服务）仍有待提升。

20. 垃圾投放点值守情况。

题目 \ 选项	一直无人	偶尔有人	总有1人	总有多人
垃圾投放点有保洁员或志愿者值守	42	184	658	98
垃圾投放点有值守人员进行分类指导	53	231	603	95
垃圾投放点值守人员服务态度较好	42	175	628	137

对于所在社区中，垃圾投放点值守情况的调查，本次调查问卷共发放问卷 982 份，收回有效问卷 982 份，大多数调研对象表示垃圾投放点总有 1 名保洁员或志愿者值守，进行分类指导，并且服务态度较好。说明社区垃圾投放点值守情况较理想，合理分配值守资源。偶尔有人和总有一人被选择的最多，说明该小区一般而言垃圾投放站点会有人值守，但值守情况并不确定，在值守方面还需要加强。服务态度总体较好。

21. 以下问题关于社区垃圾箱房保洁服务，1 表示非常不同意，2 表示不同意，3 表示中立，4 表示比较同意，5 表示非常同意。

题目 \ 选项	1	2	3	4	5
您所在小区的垃圾箱房及周边环境目测比较整洁	30	41	159	410	342
垃圾箱房没有臭味	45	93	229	395	220
您有看见过保洁员定期清理垃圾箱房	34	32	194	375	347
您有看见过垃圾箱房定时关闭后居民把垃圾扔在外面的行为	94	109	231	352	196

对于所在社区中，垃圾箱房保洁服务的调查，本次调查问卷共发放问卷 982 份，收回有效问卷 982 份，多数调研对象认为所在小区的垃圾箱房及周边环境目测比较整洁，垃圾箱房没有臭味，保洁员定期清理垃圾箱房，说明社区垃圾箱房保洁服务相当到位。但多数调研对象也看见过垃圾箱房定时关闭后居民把垃圾扔在外面的行为，说明在没有值守人员监督的情况下易出现垃圾不分类现象，居民垃圾分类意识有待提升。

综上，两个问题可体现社区内垃圾投放点的值守和保洁服务相当到位，说明社区在垃圾分类工作上的部署较为合理。但无人值守下如何保证垃圾分类，是值得关注和探索的问题。

22. 您生活垃圾投放频率大概是？

选　项	小计
早上 1 次	152
晚间 1 次	418
早晚各 1 次	304
一日 3 次以上	31
几天一次	77
本题有效填写人次	982

对于所在社区中，生活垃圾投放频率的调查，本次调查问卷共发放问卷 982 份，收回有效问卷 982 份，参与本调研的调研对象生活垃圾投放频率集中于晚间 1 次或早晚各 1 次。说明社区居民有每天清理垃圾的习惯。但仍有小部分居民几天倒一次垃圾，说明勤倒垃圾还需要多加宣传。

23. 可回收物投放

可回收物主要品种包括废纸、废塑料、废金属、废包装物、废旧纺织物、废弃电器电子产品、废玻璃、废纸塑铝复合包装等。

题目 \ 选项	从未分开投放与干垃圾混合	分开投放至分类回收点	按废品出售
我将可回收物分开投放	76	630	276

题目 \ 选项	每月 3 次以上	每月 1—3 次	每月 1 次	每 2 个月 1 次或更少
可回收物投放频率	275	264	263	180

对于所在社区中，可回收物投放的调查，本次调查问卷共发放问卷 982 份，收回有效问卷 982 份，大多数调研对象将可回收垃圾分开投放至分类回收点，也有一部分居民选择按废品出售。可回收物的投放频率分布较为均等。说明社区居民对可回收垃圾有较强的垃圾分类意识，可回收物垃圾分类的宣传较为到位。

24. 快递包装废弃物投放

题目 \ 选项	从未分开投放与干垃圾混合	分开投放至分类回收点	按废品出售
我将快递包装分开投放	117	574	291

题目 \ 选项	每月 3 次以上	每月 1—3 次	每月 1 次	每 2 个月 1 次或更少
可回收物投放频率	298	243	308	133

对于所在社区中，快递包装废弃物投放的调查，本次调查问卷共发放问卷 982 份，收回有效问卷 982 份，绝大多数调研对象将快递包装分开投放至分类回收点，有一小部分居民选择按废品出售。快递包装废弃物的投放频率以每月 1 次和 3 次以上居多。可见快递包装废弃

物是较为常见的生活垃圾，需要加强这方面的普及宣传。

25. 外卖餐盒废弃物投放

题目 \ 选项	从未分开投放 与干垃圾混合	分开投放至 分类回收点	按废品出售
我将外卖餐盒分开投放	335	565	82

题目 \ 选项	每月 5 次 以上	每月 3—5 次	每月 1—3 次	每月 1 次 或更少
外卖餐盒 投放频率	207	216	277	283

对于所在社区中，外卖餐盒废弃物投放的调查，本次调查问卷共发放问卷 982 份，收回有效问卷 982 份，绝大多数调研对象将外卖餐盒分开投放至分类回收点，有一小部分居民选择按废品出售，也有小部分居民从未分来投放。外卖餐盒废弃物的投放频率基本在每月 1 次以上。可见快递包装废弃物是非常常见的生活垃圾，需要加强这方面的普及宣传。

26. 废旧衣物投放

题目 \ 选项	从未分开投放 与干垃圾混合	分开投放至 分类回收点	分类投放至废旧 衣物专门回收箱	按废品出售
我将废旧衣物 分开投放	134	266	410	172

题目 \ 选项	每月 5 次 以上	每月 3—5 次	每月 1—3 次	每月 1 次 或更少
废旧衣物投放频率	41	80	165	696

对于所在社区中，废旧衣物投放的调查，本次调查问卷共发放问卷982份，收回有效问卷982份，大多数调研对象将废旧衣物分类投放至废旧衣物专门回收箱，有部分居民选择分开投放至分类回收点或按废品出售。废旧衣物的投放频率较少。废旧衣物的回收方面，社区居民有垃圾分类意识，但是废旧衣物专门回收箱的普及率不够理想，应加强宣传工作。

27. 大件家具投放

题目 \ 选项	从未分开投放与干垃圾混合	分开投放至分类回收点	按废品出售
我将大件家具分开投放	54	237	691

题目 \ 选项	每一至五个月1次	每半年至一年1次	多年1次
大件家具投放频率	251	432	399

对于所在社区中，大件家具投放的调查，本次调查问卷共发放问卷982份，收回有效问卷982份，大多数调研对象将大件家具分开投放至分类回收点，也有部分选择按废品出售。大件家具的投放频率较少。大件家具的回收方面，社区居民有垃圾分类意识，应继续加强这方面的普及宣传。

28. 有害垃圾投放

有害垃圾主要包括废灯管、废油漆、杀虫剂、废弃化妆品、过期药品、废电池、废灯泡、废水银温度计等。

题目 \ 选项	从未投放过	偶尔投放	经常投放	总是投放
我将有害垃圾分开投放	160	412	160	250

题目 \ 选项	每月多次	每月 1 次	每 2—3 月一次	每半年或半年以上 1 次
有害垃圾投放频率	37	142	212	591

对于所在社区中，有害垃圾投放的调查，本次调查问卷共发放问卷 982 份，收回有效问卷 982 份，大多数调研对象偶尔将有害垃圾分开投放，且有害垃圾投放频率不高。说明有害垃圾在生活垃圾中占比较少，但社区居民仍应具备有害垃圾分开投放的意识，普及教育的工作有待提升。

综上，在垃圾分类实施期间，社区居民的垃圾分类意识较强，可见垃圾分类已深入居民心中。但也要注意像外卖餐盒废弃物这种常见垃圾，或者有害垃圾这种危险的垃圾，应加强对其垃圾分类的宣传教育。

（三）垃圾分类后评估及民众满意度

29. 按照《上海市促进生活垃圾分类减量办法》文件要求，上海市社区开展了生活垃圾定时定点分类投放工作，您认为非工作日增加分类投放垃圾时长的必要性为？

选　　项	小计
非常不需要	45
不需要	139
一般	277
需要	307
非常需要	214
本题有效填写人次	982

对于所在社区中，按照《上海市促进生活垃圾分类减量办法》文件要求，上海市社区开展了生活垃圾定时定点分类投放工作，对于非工作日增加分类投放垃圾时长的必要性的调查，本次调查问卷共发放问卷 982 份，收回有效问卷 982 份，大多数调研对象认为需要在非工作日增加分类投放垃圾时长，可能是因为非工作日社区内人流量较多，时间支配更自由，不像工作日时间紧凑。说明非工作日增加分类投放垃圾时长的议题值得探讨和考量。

30. 对定时定点、破袋及整体满意度反馈（1 表示非常不同意/非常不满意，2 表示不同意/不满意，3 表示中立，4 表示比较同意/比较满意，5 表示非常同意/非常满意）

题目＼选项	1	2	3	4	5
定时投放	50	57	210	275	390
定点投放	34	26	196	284	442
湿垃圾破袋	40	60	249	304	329
社区垃圾分类总体印象	19	24	210	390	339

对于所在社区中，对定时定点、破袋及整体满意度反馈的调查，本次调查问卷共发放问卷 982 份，收回有效问卷 982 份，大多数调研对象对定时定点、湿垃圾破袋及社区垃圾分类总体印象持同意态度，民众满意度较高。说明垃圾分类已被居民接受，并已深入居民心中。可见社区宣传和引导工作相当到位。居民对社区垃圾分类总体印象还是不错的，对于定时投放的意见最大，对于湿垃圾破袋也不太满意，可能是由于会弄脏手但是净手服务又做得不够好，或许在未来可以尝试开发能与湿垃圾一同投放入湿垃圾桶的专用湿垃圾袋。

31. 您对以下上海垃圾分类的现存问题的意见如何？（1 表示非常不同意/非常不满意，2 表示不同意/不满意，3 表示中立，4 表示比较同意/比较满意，5 表示非常同意/非常满意）

题目＼选项	1	2	3	4	5
宣传不够，公民垃圾分类意识淡薄	89	152	316	265	160
技术落后，及时分类也不能有效回收	82	124	338	277	161
没有系统的规章制度保障	87	113	362	244	176
设施不完善，想分类也没有办法	110	155	325	239	153
我并不了解	233	140	337	148	124

对于所在社区中，对定时定点、破袋及整体满意度反馈的调查，本次调查问卷共发放问卷 982 份，收回有效问卷 982 份，大多数调研对象认为上海垃圾分类的现存问题有以下几点：宣传不够，公民垃圾分类意识淡薄；技术落后，及时分类也不能有效回收；没有系统的规章制度保障；设施不完善，想分类也没有办法。其中技术落后的问题最大。说明上海垃圾分类仍道阻且长，民众对垃圾分类的现存问题有一定了解。

这一题中大多都选择了中立的态度，也就是说对于是否存在这样的情况有很多居民并不能确认，对公民意识、有效回收以及规章制度保障问题有着较大的担忧。对于垃圾分类后是否真的能有效回收是居民们最关心也是最担心的问题，有部分居民和我们反映，认为哪怕他们垃圾分类的环节做好了，也不知道最后垃圾究竟流向何处，垃圾分类的最终流向与处理环节是否应该公开透明，将其纳入宣传中是我们值得进行考量的问题。

32. 您在垃圾分类过程中遇到困难后的解决措施是否让您满意？（1 表示非常不同意/非常不满意，2 表示不同意/不满意，3 表示中立，4 表示比较同意/比较满意，5 表示非常同意/非常满意）

题目 \ 选项	1	2	3	4	5
与志愿者/保洁员沟通	22	28	252	282	201
与社区/居委会沟通	27	76	269	263	150
12345 上海市民服务热线	31	70	305	221	158
上海信访微信公众号	31	79	320	209	146
我不知道如何反馈困难	112	89	281	171	132

对于所在社区中，对垃圾分类过程中遇到困难后的解决措施是否满意的调查，本次调查问卷共发放问卷 982 份，收回有效问卷 785 份，大多数调研对象在垃圾分类过程中遇到困难后得到满意答复的方式有：与志愿者/保洁员沟通、与社区/居委会沟通、12345 上海市民服务热线、上海信访微信公众号。在其中与志愿者/保洁员沟通最让人满意，说明社区和居委会对于志愿者和保洁员的培训相当到位，同时也因为他们是垃圾分类时最近最方便询问的人，而微信公众号和电话热线并不为大家所熟悉。仍有部分居民表示不知道如何反馈，反馈困难，可见垃圾分类难题的解决措施也应向民众普及。

33. 您认为能更好地促进您切实做好垃圾分类工作的鼓励方式是？（1 表示非常不同意/非常不满意，2 表示不同意/不满意，3 表示中立，4 表示比较同意/比较满意，5 表示非常同意/非常满意）

题目 \ 选项	1	2	3	4	5
对垃圾分类做得好的家庭授予荣誉称号	33	39	211	302	397
对实行垃圾分类较好的家庭给予物质奖励	24	41	185	299	433
以不低于市场的价格对居民分出的可再生资源进行有偿回收或者积分兑换等价值的礼品或有偿服务等	19	25	186	412	340
不知如何做较好	224	81	281	243	153

对于所在社区中，对更好地促进切实做好垃圾分类工作的鼓励方式的调查，本次调查问卷共发放问卷 982 份，收回有效问卷 982 份，多数调研对象认为促进切实做好垃圾分类工作的鼓励方式有授予荣誉

称号、给予物质奖励、有偿回收。其中有偿回收对民众的吸引力最高。说明基于一定的奖励确实能激发居民对垃圾分类的积极性。

34. 为了更有效地实现对生活垃圾的分类，您认为政府或社区应该进一步采取的具体措施有？（1 表示非常不同意/非常不满意，2 表示不同意/不满意，3 表示中立，4 表示比较同意/比较满意，5 表示非常同意/非常满意）

题目 \ 选项	1	2	3	4	5
需进一步加强相关法律法规的可操作性	21	27	170	297	467
每个区域安排专人专项负责，责任到人	24	19	147	350	442
需进一步完善生活垃圾分类系统	20	23	176	272	491
不断强化居民对垃圾分类的意识	19	27	156	311	469
在学校、社区等公共场所随时随地进行生活垃圾分类的科普教育	26	20	166	268	502

对于所在社区中，对更有效地实现对生活垃圾的分类，认为政府或社区应该进一步采取的具体措施的调查，本次调查问卷共发放问卷982 份，收回有效问卷982 份，上述提及的五种措施得分都较高，说明居民接受度较高。多数调研对象认为政府或社区应该进一步采取的具体措施有加强法律法规、专人专项负责、完善垃圾分类体系、强化垃圾分类意识、科普教育。其中不断强化居民对垃圾分类的意识的呼声最高。说明社区居民认为个人对垃圾分类的意识不强是目前垃圾分类实施的最大障碍，政府和社区需加强垃圾分类的宣传教育。

综上，六个问题可体现出垃圾分类后民众目前垃圾分类现状的满意度较高，也暴露出垃圾分类实施的难处在于居民对垃圾分类的意识不强。一方面，奖惩立规矩，垃圾分类的责任主体是个人，个人垃圾分类意识需提升；另一方面，实践出真知，垃圾分类的制度仍需完善，如非工作日增加分类投放垃圾时长等。垃圾分类是需要个人和社区和政府共同努力才能实现的。

自上海市开展垃圾分类工作以来，特别是《上海市生活垃圾管理条例》实施后，本社区的垃圾分类工作取得一定成效，居民平均每日生活垃圾数量略有减少。

社区居民对垃圾分类的认识较为清晰，基本明确个人和企业是垃圾分类工作的主要责任主体，垃圾分类的责任意识较强。对生活垃圾四分类法有较高的接受度，但对于互联网上门回收等线上服务不甚了解，应加强宣传。关于垃圾分类的奖惩制度，居民更倾向于奖励出色完成垃圾分类的市民，宣传优秀榜样以促进垃圾分类工作；居民倾向通过临时志愿服务，通过亲身实践接受垃圾分类教育。

垃圾分类实施期间。本社区垃圾箱房和投放点的设置较合理，且落实在每日固定投放时间内相关人员负责看守。小区居民对生活垃圾四分类法有较高的接受度，对社区垃圾分类定时定点、破袋等规范及社区卫生整体满意度较高。对于有害垃圾回收和外卖餐盒回收，易出现不规范处理操作，应加强教育。

垃圾分类后，居民对垃圾分类工作的评估较高，整体满意度较高。垃圾分类工作关键还在于居民个人，居民不配合是垃圾分类工作现存的最大问题，故应不断强化居民对垃圾分类的意识。

由问卷可以得出，居民们对于垃圾分类较为了解，但对于外卖餐盒以及废纺回收两方面分类较为不足，但总体上表现良好。同时，中新公寓居民们对于本小区垃圾分类实施情况普遍较为满意，同时对于《上海市生活垃圾管理条例》实施情况较为了解，并且认为切实落到了实处。对于未来可能出现的新规定如收费意见参差不齐，对于奖励措施呈较为积极态度，对于问卷中提到的集中惩罚措施呈较为不满意的态度，对于未来政府可能有的为了更有效地实现对生活垃圾的分类而采取的措施呈积极态度。同时，居民对解决垃圾分类的几种方式满意度较高。

综上所述，关于社区的垃圾分类工作，前期的宣传引导和垃圾厢房设施都已覆盖，居民已度过垃圾分类的适应期并积极配合垃圾分类开展。后续的垃圾分类奖惩制度正在考量优化。

参 考 文 献

一、著作

《马克思恩格斯选集》第1—4卷，人民出版社2012年版。

《资本论》第一、二、三卷，人民出版社2004年版。

《列宁全集》第23卷，人民出版社1990年版。

《毛泽东选集》第1—4卷，人民出版社1991年版。

《邓小平文选》第1—3卷，人民出版社1994、1993年版。

《江泽民文选》第1—3卷，人民出版社2006年版。

《胡锦涛文选》第1—3卷，人民出版社2016年版。

《习近平谈治国理政》第一卷，外文出版社2018年版。

《习近平谈治国理政》第二卷，外文出版社2017年版。

《习近平谈治国理政》第三卷，外文出版社2020年版。

《习近平谈治国理政》第四卷，外文出版社2022年版。

《习近平新时代中国特色社会主义思想三十讲》，学习出版社2018年版。

《习近平新时代中国特色社会主义思想学习纲要》，学习出版社、人民出版社2019年版。

《习近平总书记系列重要讲话读本》，人民出版社 2014 年版。

习近平：《决胜全面建成小康社会 夺取新时代中国特色社会主义伟大胜利——在中国共产党第十九次全国代表大会上的报告》，人民出版社 2017 年版。

习近平：《高举中国特色社会主义伟大旗帜 为全面建设社会主义现代化国家而团结奋斗——在中国共产党第二十次全国代表大会上的报告》，人民出版社 2022 年版。

习近平：《在哲学社会科学工作座谈会上的讲话》，人民出版社 2016 年版。

习近平：《在深圳经济特区建立 40 周年庆祝大会上的讲话》，人民出版社 2020 年版。

习近平：《在浦东开发开放 30 周年庆祝大会上的讲话》，人民出版社 2020 年版。

《奋力谱写共筑中国梦的新篇章：学习习近平总书记一系列重要讲话文章选》，学习出版社 2013 年版。

《生态文明建设科学评价与政府考核体系研究》，中国发展出版社 2014 年版。

《新时期环境保护重要文献选编》，中国环境科学出版 2001 年版。

《中国环境发展报告》（2013 年版），社会科学文献出版社 2013 年版。

［美］爱德华·格莱泽：《城市的胜利：城市如何让我们变得更加富有、智慧、绿色、健康和幸福》，刘润泉译，上海社会科学院出版社 2021 年版。

二、论文

董慧：《面向现代化新征程的城市治理》，《甘肃社会科学》2021年第 3 期。

陈雄、吕立志：《人与自然是生命共同体》，《红旗文稿》2019年第 16 期。

程鹏、李健：《在人民城市建设中放大中心辐射作用的机制与路径研究——以上海实践为例》，《南京社会科学》2022 年第 1 期。

董慧：《城市繁荣：基于人民性的思考》，《西南民族大学学报（人文社会科学版）》2021 年第 4 期。

何雪松、侯秋宇：《人民城市的价值关怀与治理的限度》，《南京社会科学》2021 年第 1 期。

李文刚：《人民城市理念：出场语境、意蕴表征与伦理建构》，《城市学刊》2021 年第 6 期。

刘士林：《人民城市：理论渊源和当代发展》，《南京社会科学》2020 年第 8 期。

宋道雷：《人民城市理念及其治理策略》，《南京社会科学》2022年第 6 期。

魏崇辉：《习近平人民城市重要理念的基本内涵与中国实践》，《湖湘论坛》2022 年第 1 期。

谢坚钢、李琪：《以人民城市重要理念为指导推进新时代城市建设和治理现代化——学习贯彻习近平总书记考察上海杨浦滨江讲话精神》，《党政论坛》2020 年第 7 期。

徐锦江：《全球背景下的"人民城市"发展理念与上海实践》，《上海文化》2021 年第 12 期。

张永超、陈东田、曹庆义、高阳、刘丽昀：《人民城市理念下老旧小区公共空间品质测度研究》，《建筑经济》2021 年第 S1 期。

庄友刚：《马克思的城市思想及其当代意义——兼论当代马克思主义城市观的建构》，《东岳论丛》2019 年第 4 期。

《上海市国民经济和社会发展第十四个五年规划和二〇三五年远景目标纲要》，《解放日报》2021 年 1 月 30 日。

《中央城市工作会议在北京举行》，《人民日报》2015 年 12 月 23 日。

本报评论员：《高举人民城市旗帜　践行人民城市理念》，《解放日报》2020 年 6 月 24 日。

丁玫、周琳、温竞华：《上海：五个初心故事，描绘"人民城市"》，《新华每日电讯》2021 年 7 月 30 日。

姜泓冰：《工业锈带变成了生活秀带》，《人民日报》2022 年 5 月 29 日。

李宽端：《以全周期管理理念推进市域治理现代化》，《学习时报》2020 年 12 月 21 日。

史博臻：《将"人民至上"镌刻在城市建设治理中》，《文汇报》2021 年 11 月 2 日。

Achara Taweesan, Thammarat Koottatep, Chongrak Polprasert. Effective Measures for Municipal Solid Waste Management for Cities in Some Asian Countries[J]. Exposure and Health, 2017, 9(2):125-133.

Antonis A.Zorpas.Strategy development in the framework of waste management[J]. Science of the Total Environment,2020,716.

Krista Thyberg, David Tonjes.A Management Framework for Municipal Solid Waste Systems and Its Application to Food Waste Prevention[J].Systems,2015,3(3):133−151.

后　记

　　良好的生态环境是最基本的公共产品和最普惠的民生福祉，也是城市发展的根基。2019 年 11 月，习近平总书记在上海考察时，站在黄浦江畔提出"人民城市人民建，人民城市为人民"重要理念，赋予上海建设新时代人民城市的新使命。而后，十一届上海市委九次全会以此为主题，审议通过《中共上海市委关于深入贯彻落实"人民城市人民建，人民城市为人民"重要理念，谱写新时代人民城市新篇章的意见》。自此，"人民城市人民建，人民城市为人民"的重要理念，坚持以人民为中心，从人民群众的根本利益出发，满足市民对良好人居环境的需求，积极顺应人民群众对美好生活的新期待，成为上海生态环境规划、保护、建设和管理的更高层面的指导思想。

　　上海市始终坚持将"人民城市"重要理念贯穿于城市总体发展战略，深入贯彻习近平总书记考察上海重要讲话精神，自觉将习近平总书记重要指示转化为具体实践。做到突出城市人本价值，牢牢把握人民城市"五个人人"努力方向——人人都有人生出彩机会，人人都能有序参与治理，人人都能享有品质生活，人人都能切实感受温度，人人都能拥有归属认同，把最好的资源留给人民，以更优的供给服务人民。坚持问政于民、问需于民、问计于民，政府"为民办实事"十年从未间断。同时，出台人民建议征集规定，把群众"想法"变成工作"办法"。把民生工程作为民心工程，"一江一河"岸线贯通开放，昔日的"工业锈带"变成宜人的"生活秀带"。在习近平生态文明思想的指引下，上海市不断将"人民城市"重要理念与"两山论"深度融合与实践，牢牢把握城市发展规律与特点，初步走出了一条符合超大城市特点和规律、彰显社会主义现代化国际大都市特征的现代环境治理的新路径。

本书为上海市哲学社会科学规划"学习贯彻习近平总书记'人民城市人民建，人民城市为人民'重要理念"专项课题："人民城市"理念指导下的城市环境治理研究（2021XRM004）研究成果。本书能与广大读者见面，得益于上海哲学社会科学规划办公室、人民出版社、中共上海市委党校的精心筹划和鼎力支持，使书稿得以顺利出版，在此深表感谢。同时感谢各位评审专家提出的宝贵意见，使书稿顺利完成并不断提升。书稿写作过程中，我们参阅了学界前辈的大量优秀成果，为书稿提供极大的有益借鉴和参考，并提高了书稿的质量，在此深表感谢并致敬。

项目研究和书稿完成过程中，课题组成员陆莎老师及我的研究生聂雨晴、毛志强、宋淑苇、刘淑琳、陈思屹等参与相关章节的撰写和文字校对工作，他们认真负责、任劳任怨，为书稿的完成贡献了大量精力和智慧，尤其是聂雨晴为本书的出版做了大量的具体而细致的工作，在此向他们表示真诚的谢意。

虽然我们进行了大量工作和努力钻研，由于该选题的研究起步不久以及我们能力有限，书稿中难免存在很多不足和遗憾之处，恳请各位专家、教授批评指正，敬请各位前辈学者和学界同仁提出宝贵意见。

杜欢政

2022 年 9 月

责任编辑：毕于慧
封面设计：王欢欢
版式设计：汪　莹

图书在版编目（CIP）数据

人民城市理念与城市环境治理研究/杜欢政等著. —北京：人民出版社，
　2022.12
（"人民城市"重要理念研究丛书）
ISBN 978－7－01－025185－1

Ⅰ.①人… Ⅱ.①杜… Ⅲ.①城市环境-环境综合整治-研究-中国-
Ⅳ.①X321.2

中国版本图书馆 CIP 数据核字（2022）第 193681 号

人民城市理念与城市环境治理研究
RENMIN CHENGSHI LINIAN YU CHENGSHI HUANJING ZHILI YANJIU

杜欢政 等 著

人民出版社 出版发行
（100706　北京市东城区隆福寺街 99 号）

北京九州迅驰传媒文化有限公司印刷　新华书店经销

2022 年 12 月第 1 版　2022 年 12 月北京第 1 次印刷
开本：710 毫米×1000 毫米 1/16　印张：12.75
字数：147 千字

ISBN 978－7－01－025185－1　定价：52.00 元

邮购地址 100706　北京市东城区隆福寺街 99 号
人民东方图书销售中心　电话 (010)65250042　65289539